ÜBERWINDUNG ODER WIEDERGEBURT DER ANTIKE IN DER MODERNEN MEDIZIN?

ÜBERWINDUNG ODER WIEDERGEBURT DER ANTIKE IN DER MODERNEN MEDIZIN?

Öffentliche Antrittsvorlesung

gehalten am 28. Juni 1940 im Hörsaal der Chirurgischen Klinik der Medizinischen Akademie Düsseldorf

Von

JOSEPH SCHUMACHER

Dr. med. habil. Dr. phil., Dozent an der Medizinischen Akademie Düsseldorf

WALTER DE GRUYTER & CO

vormals G. J. Göschen'sche Verlagshandlung · J. Guttentag, Verlagsbuchhandlung · Georg Reimer · Karl J. Trübner · Veit & Comp.

BERLIN 1940

Herrn Professor Dr. E. K. Frey

dem Rektor der Medizinischen Akademie

Düsseldorf

Geleitwort

Unser Wissen erfährt auf fast allen Gebieten fortlaufend eine so starke Ausweitung, daß es dem Einzelnen immer schwerer wird, auch nur sein eigenes Fach in vollem Umfang zu beherrschen. Forscherische Arbeit wird deshalb zwangsläufig — auch bei dem ehrlichsten Bestreben nach Ganzheit — eine gewisse Einseitigkeit aufweisen.

Um so notwendiger ist es, den Überblick über die großen Zusammenhänge nicht zu verlieren, das Ganze immer wieder nachdenklich zu überschauen, seine Fachkenntnisse durch eine möglichst umfassende allgemeinere Bildung zu ergänzen.

Diese war das Fundament für die geistigen und künstlerischen Wunderwerke der Antike, deren Größe und Schönheit uns heute noch ergreifen. Auch im Mittelalter erkannte man recht klar den Wert philosophischer Schulung, ohne die eine Zulassung zum Studium der Sondergebiete, z. B. der Medizin, nicht erfolgte.

Das Verlangen nach tiefer gehender geistiger Bildung tritt heute wieder stärker in den Vordergrund. Den Geisteswissenschaften sind große Aufgaben gestellt. Sie müssen mitwirken an Haltung und Gestaltung unserer Zeit.

Zu den formenden Kräften gehört das Studium der Geschichte, und zwar nicht nur der politischen Geschehnisse, sondern auch der Medizin und der Naturwissenschaften. Sie lehrt uns die Achtung vor den Unbekannten, die, ihrem gebieterischen Drange nach Erkenntnis folgend, ihr Leben und ihre ganze Persönlichkeit einsetzten, um hinter das Wesen der Dinge zu schauen, die am Aufbau unserer heutigen Welt größeren Anteil haben als Könige und Kaiser, deren Namen jeder weiß.

Die Geschichte führt uns den Weg bis dahin, wo wir selber jetzt stehen, sie zeigt uns das Lebendige in hellerem Lichte, sie mahnt uns zur Tat.

Im Felde, September 1940. E. K. Frey.

Inhalt

I. Die Gedankenwelt der antiken Philosophen und Ärzte

II. Die neue medizinische Wissenschaft aus der Naturphilosophie und ihre Bedeutung für die Problematik der modernen Medizin

a) die theoria

b) die Einheits- oder Konstanzidee

c) die Idee der Ganzheit

d) das Prinzip der Zurückführung des Qualitativen auf das Quantitative

III. Die ärztliche Ethik

IV. Folgerungen

Magnifizenz! Verehrte Gäste!
Meine Damen und Herren!

Zunächst habe ich einer Dankespflicht zu genügen. Herr Professor Dr. *Frey*, der zur Zeit im Felde stehende Rektor der Medizinischen Akademie Düsseldorf, und Ew. Magnifizenz[1] haben es ermöglicht, daß trotz der gegenwärtigen Zeitumstände diese Feier einer öffentlichen Antrittsvorlesung stattfindet. Dafür möchte ich Ihnen an dieser Stelle meinen Dank aussprechen.

Früher galt in Kriegszeiten das oft zitierte Wort: „Inter arma silent musae". Aber dieser Ausspruch *Ciceros* ist nicht nur dem Wortlaut und dem ursprünglichen Sinn nach falsch wiedergegeben, sondern hat auch die ihm nachträglich aufoktroyierte Bedeutung verloren. Im *totalen Kriege* hat auch die *Wissenschaft* ihren Platz, hat auch die *Medizin* ihre Aufgaben, und zwar nicht nur in praktischer Anwendung der Ergebnisse ihrer Forschung, sondern auch als *Wissenschaft* schlechthin; denn, was schon von früheren Kriegen galt, das gilt in vervielfachtem Maße heute: der Kampf um die *Erneuerung des Zeitgeistes* wird nicht nur mit den Waffen aus Stahl und Eisen, sondern auch auf den *Kampfplätzen des Geistes* entschieden werden.

Das Thema aber: „Überwindung oder Wiedergeburt der Antike in der modernen Medizin?" habe ich nicht nur gewählt, weil es geeignet ist, die Bedeutung des von mir an dieser Akademie vertretenen Faches der Medizingeschichte in eindringlicher Weise darzutun, sondern weil ich der Überzeugung bin, daß die Frühantike, die die Kraft hatte, so unübersehbar viel an wissenschaftlichen Werten und ethischen Gütern aus sich heraus zu entlassen, auch uns noch mitteilen kann, was an ihr unvergänglich ist.

Die Frage, welche Bedeutung die großartigen Konzeptionen der naturphilosophischen und medizinischen Denker der griechischen Früh-

[1] Die öffentliche Antrittsvorlesung fand statt unter dem Prorektorat von Herrn Professor Dr. *Goebel*.

antike auch für die Medizin der Gegenwart noch haben könnte, rührt an tiefste Fragen moderner Problematik, und ihre Beantwortung ist zugleich auch ein Beitrag für die Lösung dieser. Sie hat mit anderen Problemstellungen von grundsätzlicher Wichtigkeit gemeinsam, daß sie bei all ihrer Zeitbedingtheit dennoch in bestimmter Hinsicht zeitlos genannt werden darf: sie ist, mehr oder weniger klar formuliert, seit *Hippokrates* immer wieder gestellt worden; ihre Beantwortung aber ist stets nicht so sehr von den wirklichen Sachverhalten, die die Frühantike und die die jeweilige „Neuzeit" ausmachen, abhängig gewesen, als von dem mehr oder weniger immer *subjektiven* Urteil, mit dem man die Antike einerseits und die „Moderne" andererseits wertete. Aus dieser Subjektgebundenheit wird verständlich, warum das Urteil über den Wert der Beziehung *Antike—Neuzeit* auch heute noch zwischen lebhafter Bejahung und entschiedener Verneinung hin und her schwankt.

Wenn wir einmal absehen von allem anderen, was die antik-griechischen Denker dem Abendland als kostbares Erbe hinterlassen haben, und hier nur nach den wissenschaftstheoretischen — und im zweiten Teil nach den ethischen — Gegebenheiten fragen, dann kann das Neue, was sie brachten, nicht leicht auf eine einzige Formel gebracht werden. Wir können zunächst nur berichtend sagen: dem Primitiven war die Welt eine reine — fast nur gefühlsmäßig orientierte — Subjektbezogenheit, wenn wir einmal diesen modernen Ausdruck gebrauchen wollen. Der griechische Naturphilosoph blieb zwar auch, wenigstens anfänglich, aufs innigste der Welt verbunden, er fühlte sich als ein Kosmos im kleinen, als der er mit dem großen Weltall in lebendiger Beziehung blieb; aber es hat doch bei ihm *das* begonnen, was wir heute den Prozeß der *Objektivierung* der Welt nennen: er machte die Welt und mit ihr das in dieser eingeschlossene eigene Selbst zum *Gegenstand* der Forschung, das heißt, er ließ es in seiner neuen Art zu denken dem eigenen Ich als etwas anderes gleichsam gegenübertreten. Der Primitive sah in jeder Kraft, die er in den Geschehnissen und Vorgängen innerhalb und außerhalb der eigenen Person wirken sah, einen Dämon — oder wenigstens etwas Dämonisches —, der in seinem Bereich und im Kampf mit anderen nach Willkür zu schalten die Macht hatte. Die griechischen Denker suchten nach den Kräften, die meßbar und erfaßbar in und mit den Dingen selbst gegeben waren (Naturkräfte), oder die als unmeßbare, unwägbare, sinnenhaft nicht erfaßbare, dem betrachtenden Denken aber zugängliche Gegebenheiten alles Geschehen, Werden und Vergehen nach ewigen, unwandelbaren Gesetzen verursachten und lenkten. Sie sahen Gesetzmäßigkeit und Ordnung, wo der Primitive Willkür glaubte, sahen Einheit, wo andere nur wirre, innerlich zusammenhanglose Vielheit wahrzunehmen vermochten. Der Primitive kannte nur eine Anhäufung von Erfahrungstatsachen. Auch für den Naturphilosophen war der Ausgangspunkt aller Überlegungen Tatsachenbeobachtung; aber es war eine Beobachtung *eigener* Art; er sah z. B. den Vorgang des Verbrennens oder der Verdunstung, der Ausfällung von Salz aus dem Meerwasser, von Schlamm aus dem Wasser der Flüsse, den Vorgang der Versteinerung und vollzog — nicht etwa schon den logischen Schluß, sondern — die intuitive Konzeption: alle Dinge sind *eines* Ursprungs, sind nur Abwandlungen ein und desselben Urstoffs, wobei ihm die treibende Kraft alles Werdens entweder im Stoff selbst oder im Logos, im Nous, in der Zahl oder in der Form lag oder, wie bei *Empedokles*, als Eros und Neikos wirksam war. Dieses Bestreben nun, die Welt als Einheit zu sehen, brachte das Verlangen und zugleich die Fähigkeit, gegebenes Erfahrungsmaterial zu sammeln, zu ordnen und zu systematisieren nach Gesichtspunkten, die teils der rein subjektiven Schau, teils aber auch dem Wesen der Sache selbst entsprangen.

Schon aus diesen Andeutungen werden Größe und Bedeutung dessen klar, was die Naturphilosophen für die Geistesgeschichte getan haben: sie schufen *zum erstenmal* die Möglichkeit, die Welt wissenschaftlich zu erfassen, sie schenkten — wenigstens sekundär — die Methode und die geistigen Hilfsmittel der Wahrheitsforschung, die Begriffe, sie wiesen der Forschung *neue Wege*. Gegenstand der Naturphilosophie war alles. Also auch z. B. die spezifisch medizinischen Probleme des Lebens, der Zeugung, der Gesundheit und Krankheit usw.; sie waren es, die auf dem medizinischen Gebiet ebenso wie auf dem philosophischen Anschauungen und Begriffe zeugten, die Jahrtausende lang beide Disziplinen beherrschen und formen sollten. Sehr bald aber nahmen auch die Ärzte selbst, aufgeschlossen für jede neue Anregung, die ihnen zur Erreichung ihres Zieles wertvoll werden konnte, die grundlegenden Gedanken der Naturphilosophie in ihr eigenes Gebiet hinein, um nun auch ihrerseits die neugeborene wissenschaftliche Medizin durch eigene Beobachtung und eigene Überlegungen zu durchdringen und zu bereichern. So stark waren damals und noch lange nachher die inneren

Bindungen zwischen Naturphilosophie und theoretischer Medizin, daß die eine nicht ohne die Kenntnis der anderen in ihrer Eigentümlichkeit verstanden werden kann. Die Naturphilosophie war der Stab, an dem die wissenschaftliche Medizin sich aufrichtete, und auf den gestützt sie ihren Gang durch die Jahrtausende begann; sie war und ist auch heute noch der Schlüssel, der allein uns den Eingang in das neue Gedankengebäude erschließt.

Es läge nun an und für sich nahe, einen Überblick über die verschiedenen Theorien zu geben, an Hand derer die Naturphilosophen die Rätsel des Lebens, der Atmung, der Verdauung, der Zeugung, der Embryologie, des Wachstums, der Sinnesempfindungen usw. zu lösen versuchten, um dann aufzuzeigen, wie der Kampf der verschiedenen Theorien untereinander ihre jeweiligen Vertreter zum Erweis ihrer Richtigkeit in der Wirklichkeit zwang und damit zu genauester Beobachtung der Vorgänge in der Natur und zum Experiment, und wie die Wucht der neuen empirischen Tatsachen wieder neue Theorien zeitigte. Besonders interessant wäre es, darzutun, wie die alten naturphilosophischen Methoden, Begriffe und Vorstellungen sich im Zeitalter der physikalischen, chemischen, physiologischen und anatomischen Entdeckungen etwa von Ende des sechzehnten Jahrhunderts an teils befruchtend, teils als hemmende Kräfte des Widerstandes die Neugestaltung der wissenschaftlichen Medizin mitvollzogen, bis sie, etwa gleichzeitig mit der Überwindung der Romantik, wenigstens in der „Schulmedizin" ihre Bedeutung fast restlos einbüßten. Aber wir würden damit nur äußerlich die Forderungen genetischer Geschichtsforschung erfüllen, und es würde letzten Endes eine Geschichte der scheinbar im Laufe der Jahrhunderte sterbenden Antike werden. Denn wenn auch, um ein Beispiel anzuführen, die Theorie von der Gesundheit als der Harmonie der Qualitäten des Warmen, Kalten, Trockenen und Feuchten am Krankenbett, bei der Verordnung von bestimmten Nahrungsmitteln, bei der Auswahl organischer und anorganischer Pharmaka usw. zu überaus feinen Beobachtungen geführt hat, deren Wert wahrscheinlich heute noch lange nicht ausgeschöpft ist, ja, wenn diese Lehre gewissermaßen in der modernen Lehre vom Gleichgewichte in der inneren Sekretion wieder Auferstehung feiern konnte, so muß doch gesagt werden: die alten Theorien sind tot; sie haben nur noch historische Bedeutung. Es gibt nicht irgendeine Möglichkeit, sie mit den Ergebnissen moderner Forschung in Einklang zu bringen. Man begeht ein Unrecht, auch an dem Ideal wissenschaftlich-historischer Forschung selbst, wenn man den Versuch macht, die alten Ansichten zu verteidigen mit der Tatsache, daß sie doch einmal praktisch wertvolle Ergebnisse gezeitigt hätten. Das geht schon a priori aus der Überlegung hervor, daß die verschiedenen Theorien — man denke z. B. an die Vielzahl der Lehren über den Urstoff, die Urelemente usw. — untereinander in teils kontradiktorischem, teils konträrem Gegensatz standen. Praktische Ergebnisse bezeugen — damals wie heute — die Richtigkeit der Beobachtung, aber nicht unbedingt auch die Wahrheit der Theorie, auf Grund deren die Beobachtung angestellt wurde.

Nicht irgendwelche der Theorien, die die Alten aufgestellt haben, sind das erste unter dem Wertvollen, das die Antike uns geben konnte, wohl aber *die* Theorie. Damit mag zunächst ausgedrückt sein, daß das Große, was das Altertum brachte, die Tatsache war, daß man von nun ab den Boden der nur empirischen Sammlung von Tatsachen und deren mythologische Deutung verlassen hatte und zur Theorie kam, das heißt zu einer verstandesgemäßen Erklärung der Dinge und der Vorgänge an ihnen, daß man nun auch das hinter den Dingen Liegende sah bzw. das kausal bedingte Hervorgehen des einen Vorgangs aus dem anderen. Was dieser Satz aber noch mehr bedeutet, wird klar, wenn man den Bedeutungswandel, den das Wort Theorie im Laufe der Zeit erlitten hat, beachtet.

Die oft angewandte Gegenüberstellung von „Theorie" und „Praxis" zeigt schon, wie hier die Theorie als etwas der Erfahrung gegenüber *Heterologisches* genommen wird; aber auch wissenschaftliche Definitionen der neueren Zeit gehen in dieselbe Richtung. Nach *V. Krafft*[1] z. B. ist die Theorie lediglich ein hypothetisch-deduktives System, das von frei gewählten, idealen Annahmen seinen Ausgang nimmt, die sich mit den in der Erfahrung gegebenen Verhältnissen durchaus nicht notwendigerweise decken. Die Theorie ist nach ihm „hinsichtlich ihrer Geltung von der Erfahrung vollständig unabhängig". Dieser rein logische Charakter wird von den meisten Wissenschaftstheoretikern be-

---

[1] Die Grundformen der wissenschaftlichen Methoden. Sitzungsber. d. Ak. d. Wissenschaften 1925, S. 127.

tont. Daneben finden wir aber auch z. B. bei *Fries*[1], *Husserl*[2], *Überweg*[3], *Boltzmann*[4] u. a. Definitionen der Theorie, die mehr auf ihre Wortbedeutungen eingehen und ihren Zusammenhang mit der Wirklichkeit herausstellen.

Nach den Untersuchungen, deren Ergebnis ich anderenorts genauer dargelegt habe[5], war die *theoria* der griechischen Naturphilosophen das Erfassen des Unsichtbaren, das den Dingen und Vorgängen zugrunde liegt, das plastische Sehen, überhaupt Wahrnehmen des Werdens der Dinge aus den Elementen, aus den Homoiomerien, den kleinsten Partikelchen des Seins usf. So sahen *Pythagoras*, *Heraklit*, *Empedokles* die Dinge als die Harmonie der jeweils andersgearteten Gegensätze werden. So sah man das Feuer (oder die Luft oder das Wasser) in allem organischen und unorganischen Sein wirksam, sah es durch seine Kraft das Leben zeugen, es steigern oder vermindern oder auch es erlöschen lassen, wenn es aus dem Körper völlig entwich; man sah es wirksam bei der Sepsis der Stoffe und bei der Pepsis der Speisen und sah es, zusammen mit seinem Gegensatz, dem Kalten, bei der Atmung tätig sein. Man sah die Poren in ihrer Funktion der Vermittlung des Lebensagens (des Warmen oder der Luft) wirksam und sah in der Wechselwirkung (die durch die Poren vor sich ging und durch Atmung und Nahrungsaufnahme) zwischen den äußeren und inneren Elementen (und Kräften) die Lebensfunktionen und Sinneswahrnehmungen sich vollziehen; man sah Gesundheit als die Harmonie der Gegensätze, Krankheit als deren Störung, Heilung als ihre Wiederherstellung und wählte gemäß dem Mangel oder Überflusse eines der Kräfte oder Elemente die Heilmittel und die Diaita. Man könnte — unter Betonung der Verschiedenheit — hinweisen auf die Versuche der Chemiker und Physiker, durch die *Fiktion* der Atome, der Moleküle, der Ionen, die verschiedenen physikalischen und chemischen Vorgänge dem Verständnis näher zu bringen; aber dem Naturphilosophen waren seine Elemente nicht Fiktionen, sondern *Wirklichkeit*, und sein Denken ging heran bis an das echt Metaphysische mit seiner ganzen Problematik. Diese *theoria*

---

[1] *Fries, J. F.*, System der Logik, Heidelberg 1837, S. 488.

[2] *Husserl, Edm.*, Logische Untersuchungen I, Halle 1900, S. 232.

[3] *Überweg, F.*, System der Logik, 4. Aufl., Bonn 1874, § 133f.

[4] *Boltzmann, J.*, Populärwissenschaftliche Schriften, Leipzig 1905, S. 76.

[5] *Schumacher, Joseph*, Antike Medizin, Bd. 1, Berlin 1940, S. 4ff. und S. 17.

war das eigentlich Neue gegenüber den früheren primitiven Versuchen, sich die Welt zu erklären. Aus der theoria entstanden — und zwar weit bis ins achtzehnte Jahrhundert hinein — die Theorien und mit ihnen eine ganze Reihe der auch heute noch gebräuchlichen wissenschaftlichen Begriffe. Diese *theoria* war — wenn wir vom Eleatismus und verwandten Richtungen, die eine Sonderstellung einnehmen, absehen — nichts der Erfahrung gegenüber Heterologisches: Naturphilosophie *und* Wirklichkeit, Theorie *und* Empirie standen in inniger wechselseitiger Beziehung zueinander; die Erfahrung war Ausgangspunkt oder, wenn man will, Anlaß der Betrachtung, und die Theorie hatte den Erfahrungsgegenständen gegenüber die Funktion der Sammlung, Einordnung und Zuordnung, der Klärung der kausalen und finalen, der logischen und ontologischen Zusammenhänge und der Systematisierung; gleichzeitig aber war sie neuschaffendes, schöpferisches Denken: sie sah, aufbauend auf der allgemeinen Grundlage, die der Denker jeweils zur hypothesis gemacht hatte, auch das, was an den Dingen noch nicht Wirklichkeit, wohl aber Möglichkeit war. Sie schuf mit die Voraussetzungen des planvollen Experimentes, welches Wirklichkeit werden ließ, was man zuvor als möglich erkannt hatte. So erzeugte die Theorie in diesem ursprünglichen Sinne *echte Wissenschaft*, schuf, medizinisch gesprochen, die Möglichkeit planvoller Behandlung eines Krankheitszustandes und die der Bewahrung des Zustandes der Gesundheit vor möglichen Schäden. *Theorie und Erfahrung*, richtiger *theoria* der möglichen und wirklichen Dinge der Erfahrung und *Schau* dessen, was ihnen zugrunde liegt, schufen die *wissenschaftliche Medizin.*

Theorie und Empirie! Damit rühren wir an eine der meist umstrittenen Fragen der modernen Medizin. Das Charakteristikum der neueren Medizin ist ihre „Realtendenz". In einer zweifachen Richtung ist sie vielfach bewußt „theoriefeindlich" eingestellt, nämlich hinsichtlich Objekt und Methode: letztere ist bestimmt von der Tendenz, die biologischen Erscheinungen in physikalisch-chemische Prozesse aufzulösen und Ursache und Geschehen gewissermaßen in mathematischen Gleichungen auszudrücken. — Unser ganzes wissenschaftliches Forschen war aufgebaut auf dem Gedanken, daß zwischen der Struktur des Stofflichen, seiner Form, des Verhältnisses der Bestandteile und der Kräfte in ihm einerseits und seiner Funktion und Leistung andererseits ein größenmäßig festzulegender Kausalzusammenhang bestehe. „Gleiche

Struktur bedingt gleiche Funktion“ war noch eine der Grundlagen des neuesten Zweiges medizinischer Forschung, der Erbbiologie[1]. Psychisches Geschehen, das Kräftespiel von Gefühl und Wille wurden als „Unbekannte“ aus den mathematischen Formeln ausgeklammert, sofern sie nicht in einer erfaßbaren Korrespondenz zu somatischen Vorgängen innerhalb der stofflichen Gegenstandswelt standen.

Ein tieferes Verständnis der zugrundeliegenden Problematik und zugleich eine Erklärung dafür, wie es zu dieser Auffassung gekommen ist, kann am besten die Betrachtung des allgemein Medizingeschichtlichen bringen.

Der Kampf der Meinungen über die Bedeutung von Empirie und Theorie, von induktiver und deduktiver Methode, von erklärender und beschreibender Darstellung, von Theorie, Hypothese und Experiment als Instrument der Forschung hatte schon in der Frühantike selbst seinen Anfang genommen. Schon von *Xenophanes, Alkmaion, Heraklit, Diogenes, Leukipp* und *Demokrit* bezeugen die Fragmente hinlänglich, *daß* und *wie* sie zu der diesen Ausdrücken zugrundeliegenden Problematik Stellung genommen haben. Eine Reihe von Schriften des *Corpus Hippocraticum*, die meisten Dialoge *Platons* machen sie zum Gegenstand der Untersuchung, zwei Ärzteschulen der hellenistischen Zeit verdanken ihr ihren Ursprung.

Hier möchte ich nun einige grundsätzliche Bemerkungen machen. Wenn ich von einem „Kampf der Meinungen“ spreche, der sich schon im Altertum um das Problem „Theorie und Praxis“ abgespielt hat, dann folge ich zunächst der allgemeinen Ansicht der Historiker, die auf den ersten Blick und in bestimmter Hinsicht durch das überkommene Schrifttum der Alten wohl begründet erscheint. Dennoch will mir scheinen, als ob eine andere Beurteilung dem wirklichen geistigen Geschehen in der damaligen Zeit mehr gerecht würde. Ich habe in meinem Buch „Antike Medizin“ die Tatsache aufgezeigt, daß z. B. die Wertschätzung der sogenannten Hippokratischen Medizin mit den fortschreitenden Forschungen in den „feindlichen Lagern“ gleichmäßig eine immer größere wurde: die einen sehen in *Hippokrates* den großen

[1] Siehe z. B. *Roux, Wilh.*, Gesammelte Abhandlungen über Entwicklungsmechanik der Organismen, II. Bd., Leipzig 1895, S. 83f.

Denker, der durch seine heute noch nicht übertroffenen Grundsätze und Grundtheorien die wissenschaftliche Medizin schuf[1], während die anderen in ihm den Praktiker sehen, der gerade in Überwindung der „Spekulationen der Naturphilosophie“ durch die grundsätzliche Betonung der exakten Beobachtung und auf dem Wege der Induktion der Begründer der modernen naturwissenschaftlich orientierten Medizin geworden ist. Ich habe, wie ich glaube, nachgewiesen, daß beide Auffassungen einseitig sind, und ich möchte gerade im Zusammenhang mit dem Zweck dieser Vorlesung meiner Überzeugung Ausdruck geben, daß diese Einseitigkeit im Urteil, die mehr vom subjektiven Standpunkt als von tatsächlichen Gegebenheiten getragen wird, geeignet ist, uns um eine wesentliche Erkenntnis zu bringen, die das Altertum uns zu vermitteln hat, nämlich, daß Theorie und Praxis eine Einheit sind.

Es läßt sich nämlich zunächst zeigen, daß die Naturphilosophie, deren Konzeptionen die Geburtsstunde der wissenschaftlichen Medizin wie der Medizin überhaupt hat schlagen lassen, der Empirie nicht nur nicht feindlich gegenübersteht, sondern auf ihr aufbaut. Das *Corpus Hippocraticum*, aber auch schon die Fragmente der Vorsokratiker, bringen eine Fülle von Beobachtungen — teils von überraschend feinen, teils von uns aus gesehen nur sehr bedingt richtigen —, die ihrer ganzen Art nach ein naturnahes Sicheinfühlen zur Voraussetzung haben. Neu gegenüber der bis dahin teils rein magischen, teils rein empirischen Medizin ist nur der wesentlich methodische Schritt, der über die sinnenhafte Beobachtung hinaus zum Geisteswissenschaftlichen, vom Sehen und Sammeln der Tatsachen zum Deutungswillen führt. Objekt der Forschung und zum Teil auch noch zunächst die Instrumente der Deutung, die Elemente usw. liegen, wenigstens vorerst, innerhalb des Bereiches der unmittelbaren Wahrnehmung bzw. Einsicht. Es ist wirklich überraschend, was die Naturphilosophen schon alles in den Bereich ihrer Untersuchung gezogen haben und wie die diagnostische Kunst des naturphilosophisch eingestellten Arztes schon Dinge und Vorgänge zu beachten für wichtig hielt, denen eine spätere Zeit zum Schaden der Fortentwicklung der Wissenschaften kaum Bedeutung zugemessen hat. Alle Sinne stellte sie in ihren Dienst, um aus der Beschaffenheit — bzw.

[1] Siehe z. B. *Pohlenz, M.*, Hippokrates und die Begründung der wissenschaftlichen Medizin, Berlin 1938, ein Werk, das uns viel zu sagen hat. Dem Problem besonders gerecht wird *August Bier*, Hippokratische Studien, Quell. u. Stud. zur Geschichte der Naturwissenschaft und Medizin, III. Bd., 1933, S. 21ff.

Veränderung — der körperlichen und geistigen Verfassung des Kranken, seiner Lage im Bett, seiner Körperausscheidung (Harn, Stuhl, Erbrochenes, Auswurf, Schweiß usf. usf.) die Diagnose bzw. Prognose zu stellen.

Umgekehrt war bei den „Empirikern" das Naturphilosophische ein so wichtiges Moment, daß man ohne dieses ihre Methoden, ihre Ansichten und Feststellungen überhaupt nicht verstehen kann. *Alkmaion*, „der Vater der empirischen Medizin", machte — um hier nur eine von seinen Lehrmeinungen anzuführen — das Gehirn aus naturphilosophischen Überlegungen heraus zum Zentralorgan der Bewegung und des Denkens [1]; auf demselben Boden erwuchs die gegenteilige Ansicht des „Realisten" *Aristoteles*. Die „Begründer der positiven echt wissenschaftlichen Forschung", *Demokrit* und *Leukipp*, kamen durch naturphilosophische Überlegungen zu ihrem „Atom", und das einzige Fragment des letzteren sagt schon hinsichtlich der „verhängnisvollen naturphilosophisch begründeten Teleologie": „Kein Ding entsteht planlos, sondern alles mit Sinn und unter Notwendigkeit" [2], das *Corpus Hippocraticum* weist nicht viele Seiten auf, in denen man nicht in Theorie und Ausdruck die Einwirkungen der Naturphilosophie nachweisen könnte. Die Alexandrinische Schule (*Herophilos, Erasistratos*) mit ihren bedeutenden Forschungsergebnissen auf fast allen Gebieten der Medizin stützt sich ebensosehr auf die Spekulation wie auf ihre Sektionen, Beobachtungen und Experimente. Auch die ebenfalls in Alexandria begründete „Schule der Empiriker" macht trotz ihrer bewußt scharfen Ablehnung aller Erkenntnisse, die nicht auf der sinnenhaften Erfahrung beruhen, keine wirkliche Ausnahme. *Glaukias*, beeinflußt durch den Skeptiker *Pyrrhon* von Elis, stellte zwar den Grundsatz von der rein empirischen Forschung auf — den sogenannten empirischen Dreifuß, der als Mittel der Erkenntnis nur gelten läßt: die eigene Beobachtung, die Überlieferung der Erfahrung früherer Ärzte und den Ähnlichkeitsschluß —, ist aber von den Ansichten der Hippokratiker tatsächlich kaum abgewichen, und die Untersuchungen über die Auswirkungen der verschiedenen Säfte und Heilmittel waren mindestens ebenso sehr spekulativ wie erfahrungsmäßig bestimmt.

---

[1] *Schumacher, J.*, Antike Medizin, S. 76f.

[2] Fragment 2 (Vors. [5]67 B 2).

Mit den fünfziger Jahren des sechzehnten Jahrhunderts beginnt eine neue Ära für die Auffassung der Ziele der Forschung und der Forschung selbst. Dem Flamen Andreas *Vesal* gelingt es, in jahrelangen Versuchen an der menschlichen Leiche zahlreiche anatomische Irrtümer des *Galen* zum Entsetzen der damals überhaupt wissenschaftlich interessierten Ärzte nachzuweisen, William *Harvey* kann nach siebzehnjähriger mühevoller Arbeit seine Ansicht über den Kreislauf des Herzens darlegen und experimentell und anatomisch beweisen. *Kopernikus* klärt den Jahrtausende alten Irrtum des ptolemäischen Weltbildes auf, *Kepler* braucht zum erstenmal das Wort „lex naturae", *Galilei* begründet die neue Mechanik. Marcello *Malpighi* entdeckt 1661 denKapillarkreislauf, 1665 die Blutkörperchen; *Asellio*, *Pecquet*, *Rudbeck*, Thomas *Bartholinus* erschließen das Lymphgefäßsystem, Reignier de *Graaf* findet das Follikelbläschen in der Eierstocksrinde, Anthony van *Leeuwenhoek* die Infusorien, *Wirsung*, *Steno*, *Peyer*, *Brunner* und *Meibom* förderten das anatomische Wissen durch ihre Entdeckungen von Drüsen und Drüsenausführungsgängen, Johann Sigismund *Elsholtz* und Johann Daniel *Major* u. a. wagten nach vorausgegangenen Tierversuchen die ersten intravenösen Injektionen[1]. Die Entdeckungen auf dem Gebiete der Chemie und Physik ließen in allzu schneller Vorwegnahme ihrer doch eigentlich noch recht dürftigen Ergebnisse im Anschluß an *Paracelsus* die Iatrochemie und im Anschluß an *Cartesius* — l'homme machine —, dessen Theorie durch die Entdeckung *Harvey*'s von der Mechanik des den allgemeinen physikalischen Gesetzen gehorchenden Blutumlaufs eine gewisse Bestätigung erhielt, die Iatrophysik entstehen. Dann kam das achtzehnte Jahrhundert mit seinen großen Systematikern: Hermann *Boerhave*, der von der Chemiatrie ausgehend auch die Ergebnisse der neuen anatomischen und physiologischen Forschung seinem Gedankengebäude einverleibt, Ernst Georg *Stahl*, der eine Synthese der Lehren von den chemischen und mechanischen Vor-

[1] Wie wenigstens einige Lehrbücher der Medizingeschichte angeben. Eigene Quellenstudien habe ich über diese Gegenstände nicht angestellt. — Zum Widerstreit der Meinungen in der Frage der Geschichte der intravenösen Injektion vergleiche aber *Mayrhofer, B.*, Einige Klarstellungen zur Geschichte der Bluttransfusion, der subkutanen Injektion und der intravenösen Infusion, M. M. Wschr. 36, 1937, S. 1417—20; *Müller, Martin*, Geschichte der parenteralen Injektion, M. M. Wschr. 4, 1939, S. 145—46; *Schelenz, C.*, Zur Geschichte der parenteralen Injektion, M. M. Wschr. 13, 1939, S. 499—501; *Gotfredsen, E.*, M. M. Wschr. 13, 1939, S. 504—505.

gängen im Körper versucht, Theophil *Bordeu*, der zusammen mit H. D. *Gaub* den Vitalismus begründet, Friedrich *Hoffmann*, der in Anknüpfung an die Leibnizsche Monadenlehre Iatrophysik und die Seelenlehre *Stahl*'s vermitteln will und Albrecht von *Haller*, der Begründer der modernen Experimentalphysiologie.

Die Abhängigkeit von der Philosophie war auch in der neuen Aera zunächst nicht nur bestehen geblieben, sondern hatte sich noch verstärkt. Aber die Philosophie selbst gewann einen gegenüber dem bisherigen völlig neuen Charakter: *Descartes*, *Hobbes*, *Bacon*, John *Locke*, *Gassendi* u. a. — die übrigens fast alle Philosophen und entweder Ärzte, Physiker oder Chemiker zugleich waren — sind bewußt oder unbewußt Revolutionäre des Denkens gegenüber den bis dahin in allgemeiner Geltung stehenden Systemen *Platons* und *Aristoteles*'. Mechanistische Naturbetrachtung, kausale Erklärungsweise, exakte Einzelforschung unter genauester Analyse der Vorgänge in der organischen und anorganischen Natur und im Menschen stellen sich immer deutlicher als Forderung und Inhalt der neuen Philosophie heraus. Überdies steht sie fast unter Aufgabe ihrer Eigenart so stark in Bindung mit der Erforschung der physikalischen und chemischen Gegebenheiten, daß man fast sagen kann: *die Philosophie dieser Zeit war Naturwissenschaft*. Gleichzeitig aber steht nun auch ihrerseits die Medizin, wie schon gesagt, in stärkster Abhängigkeit von der Philosophie. In methodologischer Hinsicht verweisen die wissenschaftlichen Ärzte auf die Wichtigkeit der Kontrolle der Deduktion durch die Empirie und bald mit Francis *Bacon* of Verulam auf die ausschlaggebende Bedeutung der induktiven Methode und betonen die Forderung, *frei* von allen Voraussetzungen und Vorurteilen die Forschungen zu betreiben. Der Iatrophysiker macht sich den Satz des *Descartes* zu eigen: l'homme machine, für den Iatrochemiker wird der Mensch zur chemischen Retorte, der in exakter Anwendung der neuen Methoden, der neuentdeckten Instrumente und Heilmittel genau so durchforscht bzw. wenn notwendig, beeinflußt werden kann, wie auch diese.

Die Reaktion gegen diese Auffassung des Menschen blieb nicht aus. Zunächst aber kam sie von seiten der Philosophie her. *Kant* hatte wie kein anderer die Problematik der *Wolff*schen Metaphysik, der Theorien *Humes* und der *Newton*schen Naturphilosophie in ihrer Verbindung mit den Neuentdeckungen der damaligen Physik, Chemie und Medizin erkannt. Mit „einer kopernikanischen Tat auf dem Gebiete des Denkens“ — wie man seine Umkehrung des „Standpunktes“ genannt hat — will er die Wissensfindung auf ganz neue Grundlagen stellen. Nach ihm ist der einzige Gegenstand menschlicher Erkenntnis die Erfahrung, das heißt die Erscheinung; daneben gibt es aber in der Naturwissenschaft eine Anzahl allgemeiner Sätze über den Zusammenhang der Dinge und der Vorgänge an ihnen, die außerhalb der Erfahrung liegen und allein durch die Tätigkeit des Verstandes a priori gewonnen werden können, und die dennoch — wie er glaubt — synthetischer Natur sind und als Wirklichkeiten nachträglich in der Erfahrung bestätigt werden[1]. Durch seine Lehre eröffnete *Kant* sowohl dem erkenntnistheoretischen Idealismus und der Romantik als auch dem krassen Materialismus des neunzehnten Jahrhunderts den Weg und trug so indirekt aufs stärkste bei zu der späteren *Ausschaltung* der theoretischen und philosophischen Betrachtungsweise aus der Medizin. Idealismus und Romantik wollten beide, die eine unter stärkerer Betonung der Vernunft, die andere mehr unter Mitbeteiligung des Gefühls, teils unter Ablehnung, teils unter gelegentlicher Anlehnung an die bisherigen Methoden der Philosophie und Naturwissenschaft einen neuen Weg in die Wirklichkeit finden, indem sie nicht von der Außenwelt aus, sondern vom eigenen *Ich* ihren Ausgang nahmen. Die Welt, eingeschlossen der menschliche Leib mit seinen Zuständen von Gesundsein und Kranksein, war nicht mehr schlechthin ein Objekt der Forschung, sondern eine *Konstruktion des Ich.* Die oft tollen Phantasien hatten natürlich mit wirklichem Forschen nichts mehr zu tun. Besonders vom ärztlichen Standpunkt aus mußten sie den Tod aller Forschung bedeuten. Rückblickend auf diese Art der Philosophie „sitzt uns“, wie *Sigerist* einmal meint, „der Schrecken davon noch in den Gliedern“. Aus dieser Zeit datiert dann auch die Ablehnung aller Naturphilosophie bzw. der theoretischen Betrachtungsweise überhaupt durch eine große Anzahl von Ärzten. Kennzeichnend für die Abneigung gegen alles, was über das praktisch Erfaßbare, Wägbare, Meßbare hinausgeht, die allmählich immer weiter Platz griff, ist die Tatsache, daß die Medizinstudierenden in den vierziger Jahren Sturm liefen gegen das bis dahin

[1] *Kant, I.*, Über die von der Kgl. Akademie der Wissenschaften zu Berlin für das Jahr 1791 ausgesetzte Preisaufgabe: Welches sind die wirklichen Fortschritte, die die Metaphysik seit Leibniz' und Wolffs Zeiten gemacht hat? Königsberg 1791, S. 114. Vgl. Kritik der reinen Vernunft, 1. Aufl. Riga 1781, Proleg. § 57 und De mundi sensibilis atque intelligibilis formae et principiis, Königsberg 1770, sct. II § 3ff., V, § 23f.

übliche philosophische Vorexamen und schließlich auch seine Abschaffung erreichten.

Die zweite Richtung, die allmählich immer mehr die Vorherrschaft gewann, war der erkenntnistheoretische Materialismus, der, angelegt in den Lehren des Engländers Thomas *Hobbes*, des französischen Arztes *Lamettrie* u. a. — die schon im siebzehnten und achtzehnten Jahrhundert dem Philosophen und seinen Theorien alle Erkenntnis abgesprochen hatten —, gefördert durch den Positivismus des Franzosen Auguste *Comte* und des Engländers John Stuart *Mill*, in seinen Hauptvertretern *Vogt*, *Moleschott* und *Büchner* die Entwicklung der theorie- und philosophiefeindlichen Einstellung weiter förderte. Der erkenntnistheoretische Materialismus bezieht nunmehr die Gesamtheit des Naturgeschehens, und zwar neben dem psychischen natürlich auch das biologische in jeder Form auf materiell-energetische Prozesse, ohne auch nur noch den Versuch zu machen, über das Wesen der Materie etwas auszusagen. Unter seinem Einfluß wurde die Medizin nunmehr vollends Naturwissenschaft und kannte als Methode der Forschung nur mehr die exakte Beobachtung und das Experiment. Die großen Erfolge, die die Medizin gerade in dieser Zeit zu verzeichnen hatte, schienen die Richtigkeit der neuen Einstellung zu Theorie und Medizin zu bestätigen. Es war damals die Zeit — die allerdings für viele auch heute noch andauert —, in der in Lehrbüchern und Lexiken *die Männer* allein als Förderer der wissenschaftlichen Medizin, und *die Taten* allein als Marksteine ihrer Entwicklung verzeichnet wurden, durch die irgendeine der Teildiziplinen zum erstenmal auf die Grundlage des Experimentes gestellt worden war. Damals war es auch, wo man in Verkennung des Charakters der altgriechischen Naturphilosophie diese und ihre Vertreter nur als Hemmungen des Fortschritts ansah und in ebenso subjektiver Weise *Alkmaion* und vor allem *Hippokrates* als die Befreier von ihr pries. Man ging so weit, daß man willkürlich das Naturphilosophische, das das *Corpus Hippocraticum* nun doch einmal aufzuweisen hat, als Fälschung bzw. Interpolation ausschied.

Die Reaktion mußte auch hier kommen und sie kam in Form der viel beredeten Krisen und zwar sowohl von seiten der Medizin, der Psychologie als auch der Naturwissenschaft. Der Materialismus sowohl als regulatives wie auch als erkenntnistheoretisches Prinzip überlebte sich selbst: man erkannte, daß bei dem Verzicht auf die Suche nach den letzten Gründen von einer Philosophie überhaupt nicht mehr gesprochen werden könne; vor allem aber, daß er schon im Prinzip nur ein Teilgebiet der Vielzahl der Forschungsobjekte umfaßte. Der Naturwissenschaftler kam bald zu der Erkenntnis, daß er ohne die verachtete *Hypothese*, ohne *Theorie* in der Erklärung der Dinge und Vorgänge nicht weiter komme, daß es Tatbestände gebe, die er mit seinen Instrumenten nicht erfassen kann, daß der Verstand gewisse Begriffe und Zusammenhänge als *Postulate* setzen muß, wenn er nicht von vornherein auf jedes tiefere Verständnis der Natur verzichten will. Am meisten aber gilt das für den Psychologen und Mediziner, dem sich tagtäglich, ja stündlich bei seiner Tätigkeit Tatsachen aufdrängen, die weder dem Messen, noch dem Wägen, noch der sinnlichen Wahrnehmumg irgendwie zugänglich sind.

Wenn wir Namen wie *v. Bergmann*, *Bier*, *Edens*, *Honigmann*, *Krehl*, *Liek*, Fr. v. *Müller*, Otfried *Müller*, *Sauerbruch*, v. *Weizsäcker* u. a. nennen hören, so ruft das nicht nur die Erinnerung an die wertvollen Leistungen der letzten Jahrzehnte in allen medizinischen Disziplinen in uns wach, sondern gleichzeitig auch an die Tatsache, daß am Ende einer unerhört schnellen Entwicklung der Untersuchungs- und Behandlungstechnik, am Ende einer auf Empirie und Kausalität gegründeten Betrachtungsweise die Frage nach dem Geisteswissenschaftlichen, ja nach dem rein Philosophischen in der Medizin brennender geworden ist denn je.

Die Vorstellung des *Aristoteles*, daß das Ganze vor den Teilen war[1] — ein Gedanke, der von *Kant* u. a. wieder in Erinnerung gebracht wurde und der sich zu dem Satz: „Das Ganze ist mehr als die Summe seiner Teile" verdichtete —, wurde immer mehr in seiner Richtigkeit erkannt[2]. Es war ein Satz, der eine ganze Welt von Erkenntnissen in sich schließt und der zugleich Aufruf und Warnung war. Immer stärker gewann die Ansicht Raum, daß Medizin mehr ist als eine Summe von Forschungsergebnissen und Heilungserfahrungen, und daß die Methode der naturwissenschaftlichen Experimentalforschung zwar sehr

---

[1] Metaph. V 26, 1023b 26.

[2] Kritik der Urteilskraft, 2. Aufl., Riga 1793, § 65, S. 234ff.; vgl. § 77, S. 273ff.

wertvoll ist, aber doch nicht alles Geschehen zu erfassen und zu umfassen vermöge, daß sie wichtig, aber nicht das Wichtigste sei. Mehr und mehr drängt unsere Zeit, die wieder den Wert des Ideologischen, ja des rein Geistigen in die Skala der Werte einzurücken den Mut hatte, über die ausschließlich sachgebundene Wissenschaftsmethode hinaus. Nicht, um sich in das Gebiet der öden Abstrakta zu verlieren, sondern weil sie zu einem Wissen drängt, das aus der *Wirklichkeit* kommt und der *Wirklichkeit* in ihrer *Ganzheit* gerecht wird.

Wir wollen uns nicht unter die Ankläger des neunzehnten Jahrhunderts einreihen. Der Historiker wird auch diese Zeit, und zwar gerade in ihrer Zerrissenheit als notwendiges und fruchtbares Stadium der Entwicklung sehen. Gerade die Einseitigkeit der Forscher — ich nenne die Begriffe Zellularpathologie, Solidarpathologie, Konstitutionspathologie, Vitalismus usf. — spornte in der Tendenz, sie zu rechtfertigen, zu Höchstleistungen an, zum Ausschöpfen aller nur auffindbaren Möglichkeiten der Komplexfindung, aber die Vielzahl und Großartigkeit der Entdeckungen auf dem Einzelgebiet hatten doch vielfach den Sinn für die Ganzheit verkümmern lassen, sowohl für die Ganzheit der Medizin als einer Wissenschaft, als auch für die Ganzheit „Mensch" als das Objekt der Heilkunst. Es ist kein Zweifel: die Medizin als Wissenschaft *verlor* in der Zeit ihrer größten Fortschritte: verlor nach innen die tragende Einheit, nach außen vielfach Überzeugungskraft und Ansehen. Das Wiederaufblühen alter volksmedizinischer Anschauungen und deren Zusammenfassen in einheitliche Systeme ist ein nicht zu verkennendes Symptom. Es mag aber, um das Bild der Medizin nicht zu verzeichnen, bemerkt sein, daß es durchgängig nur die theoretische Medizin war, die sich teils der atomistisch-mechanistischen Physik und Chemie, teils dem philosophischen Materialismus oder auch beiden Zeitrichtungen zugleich in hemmungsloser Einseitigkeit verschrieb.

Gerade die „Großen" unter den Vertretern der verschiedenen neuen, durch das eben Gesagte gekennzeichneten Richtungen haben oft ihre Stimme warnend vor der verderblichen Einseitigkeit erhoben und das ärztliche Schrifttum, das die letzten Jahrzehnte über die durch die Entwicklung neu gewordene Problematik hervorbrachten, ist ein ehrendes Zeugnis für den Ärztestand, der im Streben nach immer tieferer Erkenntnis das Neue in den jeweils herrschenden geistigen Strömungen sucht und sich aneignet, aber den Blick nicht verschließt vor den Halbheiten und Beschränkungen in der Erforschung des Ganzen, die mit jeder Einseitigkeit notwendigerweise gegeben sind. Nicht von ungefähr kam es, daß in der Zeit der sogenannten „Krisen" das Interesse vieler Ärzte in steigendem Maße sich wieder der *Antike* zugewandt hat, und daß man — was nach den unerhörten Entdeckungen des neunzehnten Jahrhunderts um so erstaunlicher ist — wieder in der fast sagenhaften Gestalt des *Hippokrates* das „*Urbild*" des Arztes zu sehen glaubte. Man sah in der Hippokratischen Medizin trotz all ihrer Unvollkommenheiten und Unzulänglichkeiten ein *Ideal* der Medizin verwirklicht, ohne Zweifel deshalb, weil hier Fragen gestellt waren, auf die die Menschen seit jeher Antwort suchten, und nach der zu forschen die neuen Theorien nicht mehr für notwendig gehalten hatten.

Es kann in der Tat keinem Zweifel unterliegen, daß ein Großteil der wissenschaftlichen und praktischen Ärzte, und darunter gerade die Besten, aufs stärkste die neu entstandene Notwendigkeit empfindet, das ärztliche Denken und Handeln und die ständig angewandten Begriffe und Methoden theoretisch, ja echt philosophisch zu sichten und zu unterbauen. Man kann und mag sich nicht mehr damit zufrieden geben, daß man die Begriffsbestimmung „Arzt" mit dem leeren Satze abtut: „Arzt sein heißt weder Gelehrter noch Techniker noch Künstler, sondern eben Arzt sein", oder: „Medizinische Wissenschaft, das ist Heilen".

Man darf natürlich auch nicht die Gefahren einer übereilten Systematisierung übersehen, man soll diese letztere nur nicht prinzipiell und von vornherein ausschließen, wie z. B. noch in letzter Zeit *Bollag* es tut, wenn er in einer Besprechung der Romantik zu den angedeuteten Bestrebungen meint[1]: „Dieses Liebäugeln mit längst überwundenen Vorstellungen und das Aufwärmen symbolischer Begriffsverbrämungen vorpositiver Denkungsart kann der Wissenschaft nichts nützen"; und wenn er weiter programmatisch sagt: wir hätten den Arbeitsimperativ zu erfüllen, den unsere Epoche uns auferlegt, und dieser Arbeitsimperativ

---

[1] *Bollag, Simon,* Zur Situation der Medizin der Gegenwart, Beiheft d. Schweiz. med. Wschr., Basel 1938, S. 27.

heißt, wie er sich ausdrückt, nicht „Totalisierung", sondern Spezialisierung, d. h. „solide und gründliche Hingabe an die Einzelprobleme mit der exakt-empirischen Methode, die — abgesehen von den vielen praktischen Erfolgen — die Menschheit zum erstenmal vorurteilslos denken lehrte". Er gibt selbst zu, daß möglicherweise „die heutige Denk- und Arbeitsweise in ihrer mikrologischen Spezialisierung an manchen Hauptproblemen vorbeizieht"; aber er meint, es sei „wissenschaftlicher, in theoretischer Hoffnungslosigkeit vor der Unendlichkeit einer kleinen Aufgabe zu resignieren als sich mit „absoluten" Lösungen gefühlsmäßige Befriedigungen zu verschaffen". Es geht um mehr als eine Gefühlssache!

Der praktische wie der wissenschaftlich eingestellte Arzt, der Medizinlehrende wie der Medizinstudent, sie alle werden fast erschlagen von der Wucht der Unübersehbarkeit der neuen und neuesten Ergebnisse der Forschung, die jede für sich genommen natürlich ihren Wert haben, die aber an Wert verlieren müssen, wenn der Einzelne nicht die Möglichkeit hat, sie mittels des Instrumentes einer alle Einzelheiten umfassenden Theorie in der Überschau zu sehen und sie sich so zu eigen zu machen. Die Geschichte der Medizin im klassischen Altertum lehrt uns die Bedeutung zusammenfassender theoria, der Schaffung von Begriffen (oder wenigstens Vorstellungen) und der Systematisierung. Auch die Zeit vor der klassisch-antiken trieb empirische Forschung und Tatsachensammlung — ich erinnere, nur um ein Beispiel zu nennen, an die fortgeschrittene Kunst der Zahnbehandlung bei den Ägyptern, an die erstaunlichen Leistungen auf dem Gebiete der Chirurgie bei vielen alten Völkern, die sich mit Erfolg an Operationen wagten (Steinschnitt, sectio caesaria, Schädeltrepanation), die bis vor nicht allzu langer Zeit bei uns noch zu den gefürchteten Eingriffen gehörten, und die sicher mehr praktischen Sinn verrieten als die unpraktischen Griechen, die, wie *Joel* einmal sagt, herrliche Bilder ihren Münzen aufzuprägen vermochten, sie rund zu machen aber nicht verstanden. Nicht die „empirischen Völker und Generationen", sondern das ideenhafte = schauende Denken der Griechen hat die Medizin zur Wissenschaft werden lassen. Man darf nicht einwenden, es sei damals eine ideenhafte Zusammenschau auch leichter gewesen wegen der geringen Menge der bekannten Tatsachen, denn dafür waren diese auch ungeordneter.

Aber auch in anderer Hinsicht kommt der *theoria* unschätzbare Bedeutung zu, nämlich als Schau des Unsichtbaren, als Sicht des Möglichen, aber noch nicht wirklich Gewordenen. Was die Antike dazu uns Heutigen zu sagen hat, mag uns klar werden, wenn wir fragen: „Welches würde der Verlauf der geschichtlichen Entwicklung der wissenschaftlichen Medizin gewesen sein, wenn nicht die griechischen Naturphilosophen und naturphilosophisch denkenden Ärzte in genialen Konzeptionen all das in der Kraft ihres geistigen Auges gesehen und herausgestellt hätten, was zu erreichen erst den Forschern späterer Zeit vergönnt war und was zum Teil auch heute noch als zu erstrebendes Ideal vor uns steht?" Die *theoria* war es, die *Kopernikus*, wie aus seiner Verteidigungsschrift[1] hervorgeht, drängte, das ptolemaische Weltbild zu verwerfen und die empirischen Forschungen anzustellen, die die Richtigkeit des von ihm gesehenen Bildes nachweisen konnten. Theoretische Überlegungen und nicht das Experiment waren das Primäre bei der Entdeckung des Blutumlaufs durch *Harvey*. Und so ist es wohl bei den allermeisten großen Entdeckungen gewesen: die *theoria* als Schau des Möglichen ging ihnen voraus. Nach *Kant* ist ja das Experiment nichts anderes als die Frage an die Natur, ob das vorher geistig Gesehene sich in der Wirklichkeit verifizieren läßt. Es ist derselbe Gedanke, dem *Heraklit* Ausdruck gab, wenn er sagt: „Wenn er's nicht erhofft, das Unerhoffte wird er nicht finden"[2], oder: „Vielwisserei lehret nicht Verstand haben . . . Eins nur ist das Weise, den Sinn zu verstehen, der alles lenkt"[3].

Auch *Platon* könnte man anführen, der so großen Wert auf die Erfahrungen am Kranken legt, die der Arzt erstreben müßte von Jugend an. Den Arzt aber, der sich *nur* von der Erfahrung leiten läßt, nennt er einen Sklaven, einen Steuermann, der ohne Überlegung auf den Ozean hinausfährt. Ähnlich urteilt *Hippokrates*, und wir können wirklich sagen: „Die griechische Antike bringt die von uns vermißte *Synthese* von Theorie *und* Praxis". Sie verwirklichte die Forderung des *Paracelsus* nach der Einheit von experientia ac ratio.

In diesen Ausführungen über Einheit von Theorie und Praxis dürfte auch die Lösung einer anderen Frage angelegt sein, die schon lange

---

[1] De revolutionibus orbium coelestium libri VI. I. Aufl. 1543.

[2] Fragment 18 (Vors.[5] 22 B 18).

[3] Fragment 40 (Vors.[5] 22 B 40) und Fragment 41 (Vors.[5] 22 B 41).

mitten im Streit der Meinungen steht, nämlich die: ob die Medizin eine Kunst oder eine Wissenschaft sei. Die Vertreter der einen Richtung sagen, daß die Medizin nichts anderes sei, als die Kunst zu heilen, die Kunst, auf der Klaviatur der verschiedenen Heilmittel und Heilungshandlungen gleichsam zu spielen, um unter ihnen das Richtige zu finden und anzuwenden, das eben geeignet sei, die gestörte Harmonie wieder herzustellen; so wenig wie der Künstler nun einer Theorie der Farbenherstellung oder des Instrumentenbaues bedürfe, so wenig bedürfe der Arzt einer Theorie der biologischen Vorgänge, der Krankheitserscheinungen usf., die Kunst des Heilens habe so wenig wie die Kunst der Malerei, der Musik usf. etwas mit Wissenschaft zu tun. Die Vertreter der anderen Richtung warnen vor dieser Auffassung, die die Tätigkeit des Arztes verkenne und ins Handwerksmäßige absinken lasse. Die Antike lehrt hier, wie ich glaube, das einzig Richtige, wenigstens dann, wenn wir *Hippokrates*, *Platon* u. a. so sehen, wie sie sich in den Schriften tatsächlich selbst geben. Der Verfasser des Buches „Von der alten Heilkunst" z. B., der die ärztliche Kunst unter allen Künsten die edelste nennt, spricht von der techne als einem Objekt der Forschung, als einer Sache, die einmal von Menschen entdeckt wurde in dem Bestreben, das den Kranken Zuträgliche zu finden[1]. Die Kunst selbst habe Aufgaben, vor allem die, auf dem Wege vieler Überlegungen zu finden und im einzelnen Falle anzuwenden, was den Kranken dienlich ist. Sie müsse für alle äußerlich sichtbaren Krankheiten Hilfe wissen, aber auch für die weniger offenbaren Leiden dürfe sie nicht ohne Mittel und Wege sein[2]. Aus diesen Ausführungen, die bei *Platon* wenn möglich noch deutlicheren Ausdruck finden, geht hervor, daß die „Kunst" des Heilens gegenüber dem Wissen um biologische und nosologische Gegebenheiten nichts Heterologisches, sondern mit dem letzteren etwas fast Identisches ist. Die Kunst des Heilens ist die Anwendung der wissenschaftstheoretisch und empirisch gewonnenen Erkenntnisse, mit anderen Worten: Kunst und Theorie bedingen einander in einem Maße, daß die eine in Loslösung von der anderen sinnlos würde.

Die Ergebnisse des ersten Teiles unserer Betrachtung zusammenfassend möchte ich sagen: die Griechen haben die Art der Naturerfassung zu einer wissenschaftlichen gemacht, haben den großen Schritt

[1] I 574ff. L.

[2] VI 16, 15ff. L.

getan, der von dem Erfassen einzelner Naturvorgänge zur Naturerkenntnis — oder wenigstens-deutung — führte. Sie haben es getan durch die Begründung der Naturphilosophie oder, anders gesagt, durch die wirklichkeitsnahe *theoria* in ihrer doppelten Funktion als schöpferischer Vorausschau des Möglichen und als systematischer Zusammenschau der empirisch gewonnenen Einzelerkenntnisse. Dieser *theoria* in ihren beiden Bedeutungen bedürfen wir auch heute. Der Arzt und vor allem auch der Medizinstudierende würden sie schöpfen können aus einer „Philosophie der Medizin", die es ihnen ermöglichen würde, die unzähligen Mosaiksteine der Forschung zu einem Bilde — bezeichnend ist, daß gerade die Griechen die Kunst des Mosaiks mit Vorliebe gepflegt haben — zusammengefügt zu sehen, an dem jedes Fehlen jedes noch notwendigen Steines unmittelbar sichtbar wird, — er würde, muß ich sagen: denn diese „Philosophie der Medizin" ist vorerst noch Ideal. Sie werden sie aber schöpfen können aus einem mit Liebe und aufgeschlossenen Sinnen betriebenen Studium der Medizingeschichte, vor allem der Antike.

Es ist dabei kaum notwendig, in unserer „Zeit nach der Romantik" von der Gefahr hemmungsloser Spekulation zu warnen. Die Antike selbst lehrt uns die Gefahr eines hemmungslosen Spekulantentums sehen, gegenüber dem der Verfasser des Buches „Von der alten Heilkunst" mit aller Deutlichkeit damals schon gesagt hat: „Die Heilkunst besitzt schon längst alles, nachdem sie sowohl ein Prinzip wie einen Weg (der Forschung) gefunden hat, auf dem im Verlauf einer langen Zeit viele und zutreffende Resultate gefunden worden sind, und (auf dem) auch das übrige noch gefunden werden wird, wenn einer, der die Fähigkeit hat und (zugleich) ein Kenner des bisher Gefundenen ist, auf diesem aufbauend weiter forschen wird. Wer aber dieses alles verwirft und gering schätzt und sich daran gibt, auf einem anderen Wege und in anderer Weise zu forschen ... der verfällt einer gründlichen Täuschung"[1].

Ein zweites Neue, das die Denker des griechischen Altertums brachten, war der Gedanke der *Einheit*. Ἓν τὸ πᾶν war neben dem πάντα ῥεῖ einer der wuchtigen Sätze, in die Heraklit seine Gedanken kleidet. „Alles ist eins", so hatte es dem Sinn nach schon der Archegos der Naturphilosophen ausgesprochen, als er das Wasser zum Urstoff er-

[1] I 572, 9f. L.

klärte und *Anaximander*, als er das Apeiron, und *Anaximenes* und *Diogenes* von Apollonia, als sie die Luft als das Eine, aus dem alles wurde, ansahen; aber auch *Parmenides* und *Melissos* sprachen von dem auf quasi-logischem Wege gewonnenen ἓν ὄν, dem allein Existenz und Wirklichkeit zukomme. Die *Einheit* — und das hat uns Heutigen viel zu sagen — blieb auch dann noch gewahrt, als *Pythagoras* neben die Materie die Zahl treten ließ, als *Empedokles* die Vierfältigkeit des Urstoffs neben den Kräften der Repulsion und Attraktion und *Anaxagoras* die Vielfältigkeit des Urstoffs neben dem ganz anders gearteten Nous lehrte. Die Einheitsidee, konzipiert zusammen mit der Konstanzidee, das heißt der Lehre von dem bleibenden Urstoff, der nur in seinen Erscheinungen wechselt, wurde für die Theorie gleichsam das geistige Instrument, mit dessen Hilfe allein es wirklich möglich war, das Werden und Vergehen der Dinge und die Vorgänge an ihnen in einheitlicher Schau zu sehen. Während aber die Konstanzidee für die Entwicklung der wichtigsten chemischen und physikalischen Lehren von ausschlaggebender Bedeutung wurde, wurde es die Idee der Einheit nur mit gewissen Einschränkungen. Wir müssen zunächst unterscheiden zwischen der ursprünglichen Lehre von der absoluten Einheit des Urstoffs bei den Joniern und der logischen Einheit des *Parmenides* einerseits und von der vielfältigen höheren Einheit bei *Pythagoras*, *Empedokles* usw. andererseits. Aus den Einheitsgedanken der Jonier und Eleaten entwickelten sich später, und zwar in bewußter Anlehnung an diese, die verschiedenen Formen des Monismus, nämlich der Materialismus, Spiritualismus und Naturalismus bzw. auch die Immanenzphilosophie oder Identitätsphilosophie, durch welche Lehren alles Sein entweder auf den Stoff oder auf den Geist zurückgeführt wurde. Diese Lehren dürfen heute, wenn auch nicht als Weltanschauung, so doch als Wissenschaft als überwunden gelten. Wir haben heute die verschiedenen Seinsweisen als etwas absolut Verschiedenes unterscheiden gelernt. Schon die alten Denker hatten das erkannt, wie wir aus der Polemik vor allem der Hippokratischen Schriften und indirekt der Dialoge *Platons* mit aller Deutlichkeit sehen. Was wir Heutigen aber noch nicht gelernt haben, das ist, die höhere *Einheit* zu finden, die die verschiedenen Seinsweisen nach Funktion, Wert und Bedeutung *zusammensieht*. In der letzteren Beziehung ist die Einheitslehre des Altertums nicht nur nicht überwunden, sondern steht als zu erstrebendes Ideal in seinem ganzen Wert und seiner ganzen Schönheit noch vor uns.

In einer anderen Beziehung ist schon beim ersten Punkt dieser Untersuchung vom Ideal der Einheit gesprochen worden, nämlich hinsichtlich der Unzahl von Entdeckungen, die nur durch das Eine in ihrem Wert gemindert werden, daß sie infolge des Fehlens einer Sammlung unter dem Gesichtspunkt der Einheit dem Einzelnen tatsächlich in ihrer Gesamtheit nicht zugänglich werden. Die Entwicklungsgeschichte der Medizin und der Wissenschaft überhaupt zeigt uns mit aller Klarheit, welche Bedeutung dem Einheitsgedanken zukommt, aber auch, welche Irrwege vermieden werden müssen.

Mit dem Gedanken der Einheit hängt der der Ganzheit innerlich zusammen. Auch er war etwas gegenüber dem Bisherigen ganz Neues. Die Natur ist ein holon, der Mensch ist ein holon, eine Ganzheit, das ist ein Gedanke, der besonders im *Corpus Hippocraticum* und bei *Platon* breiteste Erörterung erfährt. Ich kann nicht ein krankes Glied allein, ich muß den ganzen Körper behandeln, und ich kann nicht aus dem kranken Menschen allein die Prognose stellen, sondern ich muß sein Alter berücksichtigen, sein Geschlecht, seine Konstitution, seine Lebensweise, ich muß die Einflüsse kennen, die das Klima, die Jahreszeit, das Trinkwasser usf usf. ausüben; denn der Mensch ist ein Kosmos im kleinen, der aber zum großen Kosmos in unmittelbarer Verbindung steht. Das sind Grundgedanken aus dem *Corpus Hippocraticum*, die uns Heutigen noch viel zu sagen haben, besonders allerdings der Zeit, die noch gar nicht lange hinter uns liegt, und in der man scherzhaft vom Chirurgen sagte, er vergesse, daß an dem Finger, den er amputiere, noch ein Mensch hänge.

In einem seiner Dialoge zeigt *Platon*, wie der philosophische Arzt einen Patienten, der mit einem kranken Auge zu ihm kommt, sich entkleiden läßt, um ihn ganz zu untersuchen. Zum Teil war das sicher durch die alte Ansicht von den verdorbenen Säften, die auch heute in der Volksmedizin noch allzusehr herumgeistert, begründet; im ganzen aber hat *Platon* recht, wenn er betont: wenn ein Glied Schmerzen leidet, leidet der ganze Körper, und wenn die Seele krank ist, ist es auch der Leib und umgekehrt. Vor nicht langer Zeit lächelte man über solche Ansichten, weil man glaubte, wenn der kranke Teil behandelt werde, würden die übrigen Erscheinungen von selbst aufhören. Heute weiß man, was beim Abheilen einer Wunde, bei einer Lähmung usw. der seelische Zustand des Kranken, der Wille zur Heilung, die „Flucht in die Krankheit" bedeuten, wenn es auch noch lange nicht weitgehend genug berücksichtigt wird. Auch hier hätten die alten Naturphilosophen und naturphilosophisch denkenden Ärzte mit ihrer echten naturnahen Wirklichkeitsbeobachtung uns Lehrmeister werden können.

Als viertes wäre die Zahlenlehre der alten Denker zu erwähnen, die mit der Lehre von der Gesetzmäßigkeit, der Harmonie in direktem Zusammenhang steht, wobei für die letztere allerdings auch noch andere Ansichten grundlegend waren. Schon *Anaximander* hatte die Welt als eine größenmäßig geordnete gesehen; zur Herrschaft aber kam die Lehre von der Zahl erst durch *Pythagoras* und seine Schüler. Es würde zu weit führen, wenn ich hier den Weg aufzeigen würde, auf dem *Pythagoras*, ausgehend von Beobachtungen, die die Instrumentenbauer und die ägyptischen Harpedonapten schon lange vor ihm gemacht hatten, die Bedeutung der Zahl als formgebendes, alles ordnendes, alles beherrschendes Prinzip erkannte. Ich darf hier auf die Untersuchungen im ersten Band meiner Antike verweisen.

Ganz allgemein sei hier nur gesagt: die pythagoreische Lehre stellt sich uns als ein echt philosophisch-wissenschaftliches System wenigstens insofern dar, als sie von einem einzigen Prinzip ausgehend die Welt in ihrer Mannigfaltigkeit zu erfassen sucht. Sie hat Wesentliches zu der Gestaltung der medizinischen Begriffe Gesundheit, Krankheit, Heilung, Diät, beigetragen, die alle mittelbar oder unmittelbar auf der Zahlenlehre basierten. Gesundheit war die vollendete Herrschaft der ordnenden Kraft der Zahl über die Materie, Krankheit Störung dieser Harmonie, Heilung deren Wiederherstellung und die Diaita, das heißt die Lebensweise in leiblicher und seelischer Hinsicht, das Mittel dazu.

Allgemein wissenschaftstheoretisch haben die Pythagoreer die für das physikalische und chemische Gebiet so wichtige Auffassung begründet, daß die Erfassung ihrer Objekte — bis zu einem gewissen Punkt — nur auf *quantitativer Grundlage* möglich ist. Das Prinzip, das Qualitative auf das Quantitative zurückzuführen, wurde durch die Lehren des *Empedokles*, *Demokrit*, *Platon* und durch eine Reihe von medizinischen Denkern in seiner Anwendung variiert und erweitert. Indirekt hat die Pythagoreische Schule aufs stärkste mit dazu beigetragen, daß in diesen Wissenschaften in immer stärkerem Maße die Erklärung des Qualitativen auf das Quantitative zurückgeführt worden ist. Man muß die Schriften *Kepler*s und *Galilei*s gelesen haben, um zu verstehen, wie die Idee von der ordnenden Kraft der Zahl und der geometrischen Gebilde die großen Entdeckungen dieser Männer wenigstens mit bewirkt hat, und wir können verstehen, wie *Kepler* angesichts des Weltbildes, das er auf diese Weise fand, sagen konnte: ὁ θεὸς ἀεὶ γεωμετρεῖ: Gott treibt allenthalben Geometrie. In der Chemie, die den Einfluß der Zahl, der Größenordnung und Größenanordnung am deutlichsten zeigt, feierte sie Triumpfe. Die Renaissance-Philosophie und die Mystiker sind nicht zu verstehen, wenn wir nichts wissen von der Gewalt des Zahlenrausches, dem sie sich willig hingaben. Ein neues Aufflackern erlebte dieser Zahlenrausch in der Romantik. Ein Beispiel für viele möge deutlich machen, was ich hier sagen will. Karl Friedrich *Burdach*, Professor der Anatomie in Königsberg, Repräsentant seiner Zeit, gibt folgende Bestimmung der normalen Lebensdauer: „Der Mensch ist gewissermaßen ein zweiter Satellit der Erde und hat eine Periodizität, welche der Umlaufzeit des Mondes nahekommt, aber nicht gleich ist . . . da das Leben nach der Geburt zu reich ist, um durch die nächste Potenzierung des Multiplikators des Fruchtlebens erschöpft zu werden, so kann dies nur durch eine höhere Potenzierung erfolgen. Also 10^3 mal 4 Wochen muß die normale Lebensdauer umfassen, oder diese muß 76 Jahre 34 Wochen 3 Tage betragen“[1] (!).

Gewiß können auch diese Phantasien auf das klassische Altertum sich stützen. Auch das *Corpus Hippocraticum* ist von solchen Auswüchsen der Zahlenlehre nicht frei geblieben. Aber es ist das ja nur ein weiterer Beweis für die Tatsache, daß wir das Denken des Altertums nicht als Ganzes, nicht ohne Kritik, nicht ohne Berücksichtigung der Eigenart, die uns durch unsere neue Zeit und unser eigenes Volkstum gegeben ist, übernehmen dürfen. Übrigens hat das Altertum selbst gegen die Einseitigkeit und gegen die Spielereien, in die die Zahlenlehre später ausartete, angekämpft, aber die Kritik traf damals wie heute nicht das Grundlegende. Im übrigen gibt es noch eine ganz andere Gefahr, die von seiten der Zahlenlehre droht, und zwar durch die sogenannte exakte Forschung in der therapeutischen Methodik. Fußend auf den

[1] Die Zeitrechnung des menschlichen Lebens, Leipzig 1829, S. 28.

empiristisch eingestellten Francis *Bacon* schrieb *Laplace*[1] eine Reihe von Abhandlungen über Wahrscheinlichkeitsrechnungen mit dem Ziel, durch zahlenmäßige Erfassung des Krankenmaterials die besten Heilmethoden zu finden, die allen anderen überlegen sein sollten. Zwanzig Jahre später kam *Louis*[2] als erster der Forderung von *Laplace* nach und und führte das mathematische Verfahren in die medizinische Wissenschaft ein; *Gavarret*[3] und andere, auch noch in der allerletzten Zeit, gingen noch weiter, indem sie alle Feinheiten der sogenannten Wahrscheinlichkeitsrechnung spielen ließen, um so zu fehlerfreien — wie sie meinten — Resultaten zu kommen.

Hier kann das Altertum wieder Lehrmeister werden, und zwar teils durch seine ganze Art der Auffassung der Dinge, teils durch die Fehler, die es machte — in der Hauptsache waren das allerdings erst die sogenanten Neupythagoreer und Neuplatoniker —. Die Naturphilosophen und Ärzte zeigen mit aller Deutlichkeit, daß sie sich bewußt waren: es gibt Dinge, die nicht dem Messen und Wägen, sondern nur der sehenden Beobachtung, dem denkenden Schauen zugänglich sind, und das gilt vor allem für das Gebiet, auf dem der Arzt das Feld seiner Tätigkeit hat.

Aus dem vielen Neuen, das das naturphilosophische Denken noch brachte, möchte ich hier nur noch eines erwähnen: das sogenannte Analogie-Denken, richtiger das Analogie-Sehen. Ein Beispiel zeigt am besten seine Eigenart. *Alkmaion* „schließt": die Farbe der Milch, die den Säugetieren zur Nahrung dient, ist weiß; also ist es das Weiße des Eies, von dem sich der junge Vogel im embryonalen Zustand ernährt. Dazu sei bemerkt, daß *Aristoteles* und noch Spätere umgekehrt das Gelbe für die Nahrung des Vogels hielten. In ähnlicher Weise schließt oder vielmehr sieht man: was im Makrokosmos vor sich geht, vollzieht

---

[1] *Laplace, P.*, Théorie analytique des probabilités. Paris 1813; ders., Essai philosophique sur les probabilités. Paris 1814; eine Übersicht weiterer entsprechender Schriften findet sich im Index zu Vol. 14 der Oeuvres complètes. Paris 1912.

[2] *Louis, P. Ch. Al.*, Recherches sur les effets de la saignée dans quelques maladies inflammatoires et sur l'action de l'émétique et des vésicatoires dans la pneumonie. Paris 1835. — Zur „Méthode numérique" s. auch *Quetelet, A.*, Sur l'homme. Paris 1835 und Sur la théorie des probabilités. Paris 1845.

[3] *Gavarret, Jules*, Principes généraux de statistique. Paris 1840.

sich auch im Mikrokosmos Mensch. Es ist erstaunlich, wie lange sich dieses Analogieschließen vor allem in der Beziehung Makrokosmos—Mikrokosmos erhalten hat. Auch hier sei ein Beispiel eines seiner Zeit berühmten Arztes aus der Romantik angeführt, das zugleich verständlich werden läßt, warum die Ärztewelt gegen diese Art Naturphilosophie bzw. in Verkennung der Eigenart der griechischen Naturphilosophie vielfach auch diese ablehnte: Giovanni *Malfatti*[1] lehrt in einer Abhandlung von Jahre 1845, „*daß die Ellipse die Grundhieroglyphe der hierarchischen Mathesis ist,* — daß sie nicht bloß eine menschliche, sondern eine Welthieroglyphe ist ... Die reelle Ellipse (Ellipsoid) ist ebensowenig eine Erfindung des Menschen zu nennen, als sein Körper als Ellipsoid (Ei) ein ursprüngliches Werk seiner Produktion, wohl aber jenes seiner Reproduktion (Wiedergebärung) ist, da es einen äußeren Brennpunkt in der Gattung durch die Begattung hat. Ebensowenig ist die ideelle Ellipse die Erschaffung seiner Reflexion, weil diese letzte auch ihren Brennpunkt in der geistigen Bahn des elliptischen Sonnensystems wie die Erde auch ihren in der Sonne hat.“(!)

Es wäre nun noch die antike Ethik zu erwähnen. Auch hier haben die Naturphilosophen, die Ärzte und dann die Sophisten Neues gebracht, Wertvolles und minder Wertvolles. Das hängt vor allem damit zusammen, daß die neue Gedankenwelt der Naturphilosophen, die besonders im fünften Jahrhundert auch in die Sprache der Dichter übersetzt wurde, integrierende Bestandteile des Volksglaubens, wenn nicht völlig eliminierte, so doch wandelte. Das Volk kannte nur den naiven Gehorsam gegen das geltende Gesetz, ohne Reflextion über dessen Berechtigung, und Motiv des Handelns für den Einzelnen war die Überlegung, daß die gute Tat Vorteil, die böse Nachteil bringe. Die Naturphilosophie brachte das Ideal der Harmonie, die als Schönheit, Symmetrie, Güte und leiblich-seelisch als Gesundheit gesehen wurde. Im Bestreben, diesem Ideal nahezukommen, entstanden der Großteil der pythagoreischen Lebensvorschriften — das Maß nicht überschreiten (ζυγὸν μὴ ὑπερβαίνειν), Vermeiden alles dessen, was über die Richtschnur hinausgeht —, die ethischen Aussprüche bei *Heraklit* und *Demokrit* und vor allem bei den Hippokratikern und bei *Platon* die zahlreichen thera-

---

[1] *Malfatti, Giovanni,* Studien über Anarchie und Hierarchie des Wissens mit besonderer Beziehung auf die Medizin, Leipzig 1845, S. 9.

peutischen Anschauungen und Maßnahmen, die einen Wesensbestandteil der Heilkunde ausmachten und diese letztere mit der Ethik in harmonischer Weise vereinigen. Physik, Ethik, Medizin hatten so eine gemeinsame Grundlage in den allgemeinen naturphilosophischen Anschauungen.

Es ist nun interessant zu beobachten, wie sich innerhalb des Ärztestandes eine diesem *eigene Ethik* entwickelt. Zeugnis dafür ist z. B. der sogenannte „Eid der Ärzte“ [1]: der ärztliche Adept schwört hier beim Heilgott *Apollo*, bei *Asklepios*, bei *Hygieia* und allen Göttern und Göttinnen, daß er nach Wissen und Vermögen die in der Eidesformel zusammengestellten Pflichten erfüllen werde; das Versprechen der Ehrfurcht vor dem Lehrer der Kunst und der Ehrfurcht vor der Person des Kranken, welchen Alters und Geschlechts er auch sei, Ehrfurcht vor dem keimenden Leben, dem Kranken Hilfe zu bringen, soweit er das nur kann und vermag und die Wahrung des Berufsgeheimnisses sind der Hauptinhalt. Die Schriften über das ehrbare Verhalten, die „Vorschriften“, der „Arzt“ und das „Gesetz“ aus dem *Corpus Hippocraticum* fordern vom Arzt die rechte Einstellung der echten und falschen Wissenschaft gegenüber, hingebungsvolles Arbeiten an der Vervollkommnung seiner Fähigkeiten — Wissen war ja ebenfalls ein Zeichen der „Tugend“ —, würdevolles Auftreten, gepaart mit selbstloser Bescheidenheit, Verzicht auf billigen Ruhm und unter Umständen auf materiellen Gewinn, restloses Aufgehen im Beruf. Am meisten überrascht an diesen Forderungen zum ärztlichen Ethos das teilweise Hinausgehen über das spezifisch Griechische in Motiv und Ziel; damit erhält wenigstens ein größerer Teil von ihnen universale Geltung und unvergänglichen Wert.

Über das medizinische Ethos finden wir auch bei *Platon* Stellen, die uns heute besonders interessieren, weil dort in viel stärkerem Maße die Zielsetzung alles ärztlichen Handelns auch von seiten der Beziehung Einzelindividuum und Staat gesehen wird. Für *Platon* ist, allgemein gesagt, das Grundmotiv des sittlich guten Handelns die Vorstellung von dem, was gut und schön und nützlich ist. Voraussetzung der Tugend — die ganz als Tüchtigkeit verstanden wird — aber ist die natürliche *Anlage*, die bei jedem verschieden ist. Für den philosophischen

[1] Vgl. auch *Körner, O.*, Der Eid des Hippokrates. München u. Wiesbaden 1921.

Arzt ist es selbstverständlich, deß er sich des Strebens nach der höchsten Wissenschaft befleißigt, das heißt, daß er die *Ideale* sieht, die zu erreichen das Ziel alles menschlichen Handelns überhaupt ist. Daraus ergibt sich von selbst, was dem Arzt als Ziel seiner Tätigkeit vor Augen steht: der vollkommene, der harmonische Mensch, der der Idee Mensch möglichst nahe kommt. Daher fallen seine Anordnungen zur Erhaltung bzw. zur Wiederherstellung der Gesundheit ebensowohl in das Gebiet des *Therapeutischen* wie des *Ethischen*. Der Arzt wird zum *Erzieher*, der seine ganzen Kräfte einzusetzen hat, „damit die jungen Menschen nicht Krüppel werden an Leib und Seele". Nun wird aber in der platonischen Schau der Dinge in einzigartiger Weise der Mensch ein Glied des Idealstaates. Daraus ergibt sich ein erweiterter Pflichtenkreis. Das Leben des Einzelnen steht vor der höheren Idee zurück, der er zu dienen hat, um in diesem Dienst um so höheren Lohn zu finden. Zwecklos ist das Leben des Kranken, wenn es nur durch fortdauernde ärztliche Behandlung erhalten werden kann.

Der Erzeugung wertvollen Nachwuchses gilt seine größte Sorge. Nicht dem Einzelnen bleibt es überlassen, mit wem er sich verbinden will, sondern dem Staat. Es sollen sich möglichst die Menschen so vereinigen, daß ein feuriger Charakter mit einem von ruhiger Wesensart zusammenkommt. Die Lehre von den Gegensätzen, deren Vereinigung die Harmonie bildet, ist in dieser Vorschrift klar zu erkennen. Eine andere wichtige Rolle spielt seine Einteilung der Menschen in Gold, Silber, Kupfer und Erz, je nachdem der Mensch dem Philosophischen, dessen Besitz gleich höchste Tugend ist, näher oder ferner steht. Von der ernsten Feier der Hochzeit an beginnt die Fürsorge der Eltern und des Staates für das Kind. Schlecht geratene sollen beseitigt werden[1].

„Hüter des Lebens" hat *Günther*[2] *Platon* genannt; aber wenn wir die Einzelheiten aus den Auffassungen *Platons* weiter verfolgen — aber auch schon aus dem bisher Gesagten —, fühlen wir, wie bei so vielen Dingen im Altertum: die Grundidee ist gut und bleibt auch für die Späteren von unvergänglichem Wert, aber ihre Schöpfer sind Griechen, und

[1] Man vergleiche damit die Richtlinien bei *Loehr, H.* Über die Stellung und Bedeutung der Heilkunde im nationalsozialistischen Staate. Berlin 1934.

[2] Vgl. das sehr lesenswerte Buch: *Günther, H. F. K.*, Platon als Hüter des Lebens. Platons Zucht- und Erziehungsgedanken und deren Bedeutung für die Gegenwart. 2. Aufl. München 1928.

zwar Griechen aus einer Zeit, die das, was wir heute das Primitive nennen, noch lange nicht in jeder Hinsicht überwunden hatten. Es zeigt sich hier deutlich — plastischer gleichsam als bei den rein naturphilosophischen Dingen —, daß wir nur dann der Antike gerecht werden, wenn wir uns ebenso fern halten von der „lächerlichen und unmännlichen Griechenanbetung", wie Wilhelm *Ostwald* sagt, wie von der Ehrfurchtslosigkeit vor ihrer Schönheit und Größe. Die einzig richtige Einstellung zum Altertum hat Basilius im vierten Jahrhundert gleichnisweise gezeigt: wir sollen es machen wie die Bienen, die nicht wahllos von Blume zu Blume fliegen, sondern ihnen nur das entnehmen, wessen sie zur Nahrung und zum Aufbau des jungen Staates bedürfen, im übrigen die Blumen unversehrt lassen und an ihre Schönheit nicht rühren.

Ein Überblick über das Gesagte ergibt: die Beschäftigung mit der Antike bedeutet ein Zurückgreifen auf die letzten geistigen Prinzipien *aller Wissenschaft*, nicht zuletzt aber auch der *medizinischen*. Oft wurden im Laufe der Jahrhunderte die uralten Quellen europäischen Geisteslebens verschüttet, oft die unvergänglichen Ideale überwuchert, in ihrer unvergleichlichen Schönheit verzerrt, aber immer wieder drängte sich das Bedürfnis vor, sich an ihnen wieder zurückzufinden zu der Welt der Form und der Formung reiner Wissenschaft. Auch *unsere Zeit des Umbruchs*, unsere Zeit mit ihrer unübersehbaren Fülle der Neuentdeckungen und Erfolge, die uns durch die Wucht ihrer Größe zu erschlagen drohen, findet wieder zu ihr zurück.

Aber die Antike kommt zu uns nicht als Tradition, sondern als *Idee*. Das bedeutet ein Zweifaches: erstens die Antike kommt nicht zu uns in der *überlieferten Ganzheit*. Tausend Einzelheiten, die dem damaligen allgemeinen äußerst primitiven Gesamtwissen entsprachen, haben uns nichts mehr zu sagen, und wo sie sich trotz des Fortschritts unserer Forschung noch erhalten haben, müssen sie ausgetilgt und durch das Neue überwunden werden. Die Ideen der *Einheit*, *Ganzheit*, *Harmonie* können nur bedingt übernommen werden und bedürfen, wie wir gesehen haben, wenn sie unserer Zeit etwas sagen sollen, der Sichtung. Unverändert wertvoll aber bleiben die *Grundlagen*, aus denen sie erwuchsen. Diese gilt es, in unermüdlicher Arbeit von all dem Zufälligen, Akzidentellen zu sondern, um ihre *ursprüngliche Reinheit* wieder herzustellen und ihre *Kraft*, die einmal die große neue Periode abendländischen Denkens zu zeugen vermochte, wieder frei zu machen von allen Hemmnissen, einmal um ihrer selbst willen, dann aber auch um unserer hohen Kunst willen.

Zweitens: wir übernehmen die Antike als *Idee*; das bedeutet: was die Alten uns zu sagen haben, ist *Gabe*, aber zugleich *Aufgabe*. Wir leben in einer neuen Zeit, wir können das Erbe der Alten, um es wirklich zu besitzen, nicht übernehmen wie es ist, sondern müssen es hineinverweben in *unser* Denken, wenn es nicht tot bleiben soll. Und dann sind wir nicht Griechen, sondern eben *Deutsche*, begabt mit *eigenen* Anlagen und Kräften und erfüllt von *eigenen* Aufgaben. Nur, wenn wir die Antike gemäß *unserem* Wesen, *unserer* Eigentümlichkeit in uns aufnehmen und sich auswirken lassen, wird das wirklich Große und Wertvolle an ihr in uns wieder zu *neuem Leben* erstehen können.

Literatur-Verzeichnis.

(Das Literaturverzeichnis ist unvollständig. Ausführliche Angaben finden sich in: Schumacher, J., Antike Medizin, Bd. 1, Berlin 1940, S. 251—283.)

1. Albrecht, Eugen, Teleologie und Pathologie. Frankf. Z. Path. II, 1. 1908. S. 1—56.
2. Alkan, L., Anatomische Organkrankheiten auf seelischer Grundlage. Leipzig 1930.
3. Arndt, E., Das Verhältnis der Verstandeserkenntnis zur sinnlichen in der vorsokratischen Philosophie. Halle a. S. 1908.
4. Aschoff, Ludw., Über Entzündungsbegriffe und Entzündungstheorien. Münch. med. Wschr. 1922. S. 655—61.
5. Bährens, Joh. Chr. Fr., Die Harnlehre des Hippokrates, in ihrem wahren Wert behauptet. Elberfeld 1829.
6. Bäumer, E., Constantin Brunner über die Prinzipien der Naturwissenschaft und der Aberglaube in der modernen Medizin. Ärztliche Rundschau 1910. 20. Jahrg. Nr. 49 u. 50. S. 577—82; S. 591—95.
7. — Der Mangel an geschichtlichem Sinn. Dtsch. med. Presse. Jg. 14. 1910. S. 184/85.
8. Baisette, Gaston, Leben und Lehre des Hippokrates. Dtsch. von Hepner. Stuttgart 1932.
9. Bartels, Max, Die Medizin der Naturvölker. Leipzig 1893.
10. Baumgarten, F., Poland, F., Wagner, R., Die hellenische Kultur. 3. Aufl. Leipzig 1913.
11. Baumgartner, Alexander, Die griechische und lateinische Literatur des klassischen Altertums. Freiburg i. B. 1902.
12. Bavink, Bernh., Ergebnisse und Probleme der Naturwissenschaft. Eine Einführung in die Naturphilosophie. 5. Aufl. Leipzig 1931.
13. — Die biologischen Grundlagen der Geistes-(Kultur-)Wissenschaften. Med. Welt 1934. S. 1257—61.
14. Berger, E. H., Mythische Kosmographie der Griechen. Leipzig 1904.
15. Bergmann, E. von, Leistungen und Ziele der Medizin und der biologischen Forschung. Klin. Wschr. 16. 1937. S. 1—8.
16. Bergmann, Gust. v., Seele und Körper in der inneren Medizin. Frankfurter Univ.-Reden 1923.
17. Bernheim, Ernst, Lehrbuch der historischen Methode und der Geschichtsphilosophie. 5. u. 6. Aufl. Leipzig 1908.
18. Bertalanffy, Ludw. van, Philosophie des Organischen (= Lit. Berichte aus dem Gebiete der Philosophie. Heft 17/18). Erfurt 1928.

19. Bianchi, Gi., Discorso sul vitto Pythagorico di soli vegetabili per conservare la sanità e per cura di alcune malatti. Florenz 1743.
20. Bickel, Lothar, Zur Renaissance der Philosophie. Berlin 1931.
21. Bier, August, Heilentzündung und Heilfieber. Münch. med. Wschr. 1921, Nr. 6. S. 163—68.
22. — Die Seele. München/Berlin 1939.
23. Bilharz, Alfons, Neue Denklehre. Wiesbaden 1908.
24. Bleuler, Eug., Mechanismus — Vitalismus — Mnemismus. Berlin 1931.
25. — Das autistisch-undisziplinierte Denken in der Medizin. Berlin 1919.
26. Boeckh, A., Enzyklopädie und Methodologie der philologischen Wissenschaft. Leipzig 1877.
27. Bois-Reymond, Emil du, Über die Grenzen des Naturerkennens. Die sieben Welträtsel. Zwei Vorträge. Leipzig 1882.
28. — Über die Lebenskraft. Ein Glaubensbekenntnis. Hrsg. von E. Metzge. Brackwede i. W. 1909.
29. Bollag, S., Zur Situation der Medizin der Gegenwart. Basel 1938.
30. Bryk, Otto, Entwicklungsgeschichte der reinen und angewandten Naturwissenschaft im XIX. Jahrh. I. Bd.: Die Naturphilosophie und ihre Überwindung durch die erfahrungsgemäße Denkweise (1800—50). Leipzig 1909.
31. Buttersack, Felix, Von der Zellenlehre zur Funktionenschau. Stuttgart u. Leipzig 1933.
32. Cawadias, A. P., Neo-hippokratische Richtungen in der Gegenwartsmedizin. Hippokrates IV 1933. S. 188—98.
33. Degen, Frid. Herm., De ratione medicinae Hippocraticae. Lipsiae 1839.
34. Drews, Arthur, Geschichte des Monismus im Altertum. Heidelberg 1913.
35. Driesch, Hans, Ordnungslehre. Jena 1912.
35a — Das Ganze und die Summe. Leipzig 1921.
36. Eddington, A. S., Das Weltbild der Physik und ein Versuch seiner philosophischen Deutung. Braunschweig 1931.
37. Edens, Ernst, Über die Behandlung von Krankheiten und Kranken. Klin. Wschr. 10. Jahrg. 31. 1931. S. 1460/64.
38. Ehrenberg, Rud., Theoretische Biologie. Berlin 1925.
39. Engelen, J., Zurück zu Hippokrates. Fortschr. d. Med. 52. Jahrg. Nr. 52. 1934. S. 1158/59.
40. Ernst, Paul, Virchows Zellularpathologie einst und jetzt. Virchows Arch. Bd. 235. 1921. S. 52—151.
41. Eschle, Franz Kurt Reinhard, Zellularpathologie, Konstitutionspathologie oder Betriebspathologie. München 1905.
42. Fettweiß, Ewald, Über den Einfluß, den Bau und Funktionen des menschlichen Körpers auf die Entwicklung der Mathematik ausgeübt haben. Münch. med. Wschr. 1937, Nr. 46, S. 1823.
43. Fischel, Alfred, Die Richtungen der biologischen Forschungen. Kultur der Gegenwart, IV. I. Allg. Biologie. Leipzig 1915.
44. Fischer, Bernh., Der Begriff der Krankheitsursache. Münch. med. Wschr. 1919. S. 985—87.

45. — Vitalismus und Pathologie. Berlin 1924.
46. Fischer, A., Die Grundlagen der vorsokratischen Philosophie. In: E. v. Aster, Große Denker. Leipzig 1912.
47. Fischer, Emil, Organische Synthese und Biologie. Berlin 1908.
48. Fischer-Wasels, Bernh., Über das biologische Denken in der Phathologie. Med. Welt 1934. S. 1261—66.
49. Francé, R. H., Harmonie in der Natur. Stuttgart 1926.
50. Frank, Philipp, Das Ende der mechanistischen Physik (= Einheitswissenschaft Heft 5). Wien 1935.
51. Frenzel, Carl, Über die Grundlagen der exakten Naturwissenschaften. Leipzig u. Wien 1905.
52. Geffcken, Johannes, Griechische Menschen. Studien zur griechischen Charakterkunde und Menschenforschung. Leipzig 1919.
53. Götze, A., Persische Weisheit in griechischem Gewande. Ztschr. f. Indol. u. Iranist. 1. 2. 1922—23. S. 59—98.
54. Grote, L. R., Grundlagen ärztlicher Betrachtung. Berlin 1921.
55. — Über den Normbegriff im ärztlichen Denken. Z. f. Konstitutionslehre VIII. 5. 1922. S. 361—77.
56. Haas, Artur Erich, Der Geist des Hellenentums in der modernen Physik. Leipzig 1914.
57. Hartmann, Max, Biologie und Philosophie. Berlin 1925.
58. — Die methodologischen Grundlagen der Biologie. Leipzig 1931.
59. — Allgemeine Biologie. Jena 1933.
60. Heidenhain, Mart., Formen und Kräfte in der lebenden Natur (= Roux's Vorträge und Aufsätze zur Entwicklungsmechanik der Organismen. 23. Heft). Berlin 1923.
61. Hellpach, W., Heilkraft und Schöpfung. Aus der Welt des Arztes und vom Geheimnis des Daseins. Dresden 1934.
62. Helmholtz, Hermann, Das Denken in der Medizin. Berlin 1878.
63. Hertwig, Osk., Allgemeine Biologie. Jena 1923.
64. Honigmann, Georg, Das Problem der ärztlichen Kunst. Gießen 1922.
65. — Über medizinische Systematik. Leipzig 1924.
66. — Der ärztliche Stand und seine Entwicklung in Deutschland im vergangenen Jahrhundert. Klin. Wschr. Jahrg. 1, H. 38. 1922, S. 1905—06.
67. Hueppe, Ferdinand, Krankheitsursache vom Standpunkte der wissenschaftlichen Medizin. Wien 1901.
68. Klapp, R., Biologische Betrachtungsweise in der Chirurgie. Med. Welt 1934. S. 1271—74.
69. Köhler, O., Das Ganzheitsproblem in der Biologie. Halle 1933.
70. Köhler, Wolfgang, Psychologische Probleme. Berlin 1933.
71. — Die physischen Gestalten in Ruhe und im stationären Zustand. Braunschweig 1920.
72. Krehl, Ludolf v., Über die Grundlagen der Therapie. Münch. med. Wschr. 1933. S. 205—10.
73. — Über die Entstehung der Diagnose. Tübingen 1903.
74. Krug, W. T., Geschichte der Philosophie alter Zeit, vornehmlich unter Griechen und Römern. 2. Aufl. Leipzig 1827.

75. Kultur, Die antike Kultur in ihren Hauptzügen dargestellt von F. Roland, E. Reisinger und R. Wagner. 2. Aufl. Leipzig 1925.
76. Ladenburg, Albert, Über den Einfluß der Naturwissenschaft auf die Weltanschauung Vortr., gehalt. auf d. 75. Vers. Dtsch. Naturforscher u. Ärzte zu Kassel. Leipzig 1903.
77. Lehmann, Fritz Mich., Logik und System der Lebenswissenschaften. Leipzig 1935.
78. Lexikon, Lübkers Reallexikon des klassischen Altertums. 8. Aufl., hrsg. von J. Geffcken und E. Ziebarth u. a. Leipzig 1914.
79. Liek, Erwin, Das Wunder in der Heilkunde. München 1930.
80. Lipps, Theodor, Naturwissenschaft und Weltanschauung. Vortrag, gehalten auf der 78. Versammlung deutscher Naturforscher u. Ärzte in Stuttgart. Heidelberg 1906.
81. Loehr, H., Über die Stellung und Bedeutung der Heilkunde im nationalsozialistischen Staate. Berlin 1934.
82. Malfatti, Giovanni, Studien über Anarchie und Hierarchie des Wissens. Wien 1845.
83. Malgaigne, J. F., Étude sur l'anatomie et la physiologie d'Homère. Paris 1842.
84. Martius, Friedrich, Pathogenese innerer Krankheiten. Leipzig u. Wien 1899—1909.
85. — Das Kausalproblem in der Medizin. Beihefte zur Med. Klinik. Berlin 1914. Jahrg. 10, Beih. 5.
86. — Konstitution und Vererbung in ihren Beziehungen zur Pathologie. Berlin 1914.
87. — Die Lehre von den Ursachen in der Konstitutionspathologie. Dtsch. med. Wschr. 17 u. 18. 1918. S. 450—454 u. S. 481—84.
88. May, W., Darwinistische Probleme in der griechischen Philosophie. Verh. d. naturwiss. Ver. in Karlsruhe. 18. Bd. 1905.
89. Medizin der Gegenwart in Selbstdarstellungen. Hrsg. v. Grote. 1 ff. Leipzig 1923 ff.
90. Meinecke, A., Über die Epidemien des Hippocrates besonders in Rücksicht auf griechische Namenkunde. Monatsber. d. Preuß. Akad. d. Wiss. 1852. S. 569—88.
91. Merlan, Ph., Beitrag zur Geschichte des antiken Platonismus. Philologus 89. Bd. Suppl.-Bd. 23, 3. S. 35—48 u. S. 197—214.
92. Meyer, Ad., Krisenepochen und Wendepunkte des biologischen Denkens. Jena 1935.
93. Much, Hans, Das Wesen der Heilkunst. Grundlagen einer Philosophie der Medizin. Darmstadt 1928.
94. — Körper, Seele, Geist. Leipzig 1931.
95. Müller, Arnim, Ganzheitsbiologie und Ethik. Breslau 1933.
96. Müller, Friedrich von, Spekulation und Mystik in der Heilkunde. Rektoratsrede. München 1914.
97. Müller, Otfried, Die Stellung der Medizin zu den anderen Wissenschaften. Stuttgart 1927.
98. — Wissen und Glauben in der Medizin. Stuttgart 1929.
99. Naunyn, Bernhard, Die deutsche Heilkunde im Anfang des XIX. Jahrhunderts. Dtsch. Arch. klin. Med. 140. 1922. S. 1—27.
100. Noll, Alfred, Die Lebenskraft in den Schriften der Vitalisten und ihrer Gegner. (Voigtländers Quellenbücher Bd. 69.) Leipzig 1914.
101. Noltenius, Friedrich, Materie, Psyche, Geist. Leipzig 1934.
102. Ostwald, Wilh., Zur biologischen Grundlegung der inneren Medizin (= Med. biolog. Schriftenreihe H. 1). Radeburg 1926.
103. Otto, W., Kulturgeschichte des Altertums. München 1925.

104. Pagel, Julius, Geschichtliches über die Entwicklung der physikalischen Medizin. Zeitschr. f. neuere physikal. Medizin 1907. S. 3.
105. — Einführung in das Studium der Medizin. Wien 1899.
106. — Geschichte der Medizin und der Krankheiten. Virchows Jahresber. d. ges. Medizin. Bd. I. 1908. S. 335—424.
107. Planck, Max, Wege zur physikalischen Erkenntnis. Leipzig 1934.
108. Pleßner, Helmuth, Über die Erkenntnisquellen des Arztes. Klin. Wschr. H. 11, 1923. S. 503.
109. Petersen, Julius, Hauptmomente in der geschichtlichen Entwicklung der Therapie. Kopenhagen 1877.
110. — Über Hippokratismus. 17. Kongreß f. innere Medizin. Wiesbaden 1888.
111. Pleßner, Helmuth, Vitalismus im ärztlichen Denken. Klin. Wschr. Jg. 1. H. 39. 1922. S. 1956—57.
112. Prinzhorn, Hans, Leib-Seele-Einheit. Zürich 1927.
113. — Psychotherapie. Leipzig 1929.
114. Reichenbach, Hans, Ziele und Wege der heutigen Naturphilosophie. Leipzig 1931.
115. Reinhardt, Karl, Kosmos und Sympathie. München 1926.
116. Ribbert, Hugo, Die Lehren vom Wesen der Krankheit in ihrer Geschichte und Entwicklung. Bonn 1899.
117. Ricker, Gust., Pathologie als Naturwissenschaft. „Relationspathologie". Berlin 1924.
118. Rippe, J., Versuch einer Philosophie der Medizin. Klin. Wschr. 1930. S. 793—99.
119. Rosenbach, Ottomar, Grundlagen, Aufgaben und Grenzen der Therapie. Wien 1891.
120. Rothacker, Erich, Die Schichten der Persönlichkeit. Leipzig 1938.
121. Rotschuh, Karl, Theoretische Medizin? Begründung ihrer Notwendigkeit in der Gegenwart und eine Umreißung des Gebietes. Klin. Wschr. 14. Jahrg. Nr. 39. 1935. S. 1401—05.
122. Roux, Wilhelm, Die Entwicklungsmechanik, ein neuer Zweig der biologischen Wissenschaft. Leipzig 1905.
123. Russel, Bertr., Philosophie der Materie (= Wissenschaft und Hypothese Bd. 32). Leipzig und Berlin 1929.
124. Sapper, Karl, Naturphilosophie. Philosophie des Organischen. Breslau 1928.
125. Sigerist, H. E., Einführung in die Medizin. Leipzig 1931.
126. Sihle, Martin, Über das Weltbild des Arztes und den Sinn der Krankheit. Ein Appell zur Lebenssynthese. Wien, Leipzig, Bern 1935.
127. Schaxel, J., Grundzüge der Theorienbildung in der Biologie. 2. Aufl. Jena 1922.
128. Scheler, Max, Die Stellung des Menschen im Kosmos. Darmstadt 1928.
129. Schrödinger, E., Über Indeterminismus in der Physik. Leipzig 1932.
130. Schultz, Jul., Die Grundfiktionen der Biologie. Berlin 1920.
131. — Die Maschinentheorie des Lebens. Leipzig 1929.
132. Schuster, Jul., Biologisches und physikalisches Denken. Unterrichtsblätter f. Math. u. Naturwiss. 1934. S. 189—95.
133. — Über neuere Schriften zur Geschichte und Philosophie des biologischen Streites um die vitale Kausalität. Mittlg. z. Gesch. d. Medizin, Naturwiss. u. Technik. Bd. 33. 1934. S. 89.

134. Schwarz, Hermann, Leib und Seele. Vorlesungen. München 1922.
135. Schwarz, O., Die Sinnfindung als Kategorie des ärztlichen Denkens. Klin. Wschr. 1923. S. 1129.
136. — Das Leib-Seele-Problem in der Medizin. Leipzig 1930.
137. Stemplinger, Eduard, Sympathieglaube und Sympathiekuren in Altertum und Neuzeit. München 1919.
138. Sticker, Georg, Hippokratische Lebenslehre. Hippokrates 11. 1940. S. 146—150.
139. Temkin, Owsei, Studien zum „Sinn"-Begriff in der Medizin. Kyklos Bd. 2. 1929. S. 21—105.
140. Thöle, Fr., Das vitalistisch-teleologische Denken in der heutigen Medizin. Stuttgart 1909.
141. Tietze, Siegfr., Vitalismus oder Mechanismus? Leipzig, Wien 1918.
142. Uexküll, J. v., Bausteine zu einer biologischen Weltanschauung. Gesammelte Aufsätze. Hrsg. v. F. Groß. München 1913.
143. — Theoretische Biologie. Berlin 1928.
144. — Die Lebenslehre (= Das Weltbild. Bd. 13). Zürich 1930.
145. Ungerer, E., Die Teleologie Kant's und ihre Bedeutung für die Logik der Biologie. (= Schax. Abhdlg. H. 14.) Berlin 1922.
146. Villeneuve, F., Essai sur l'histoire philosophique de la médecine dans l'antiquité. Paris 1865.
147. Virchow, Rud., Die Einheitsbestrebungen in der Medizin. Berlin 1849.
148. — Gesammelte Abhandlungen zur wissenschaftlichen Medizin. II. Ausgabe. Hamm 1862.
149. — Über die Heilkräfte des Organismus (= Sammlg. gemeinverst. Vorträge). Berlin 1875.
150. — Über das Bedürfnis und die Richtigkeit einer Medizin vom mechanischen Standpunkt. Rede, gehalten zur Feier von Görckes Geburtstag am 3. Mai 1845 in dem med.-chir. Friedrich-Wilhelm-Institut zu Berlin. Mit Vorwort von J. Orth, Virchows Arch. f. patholog. Anatomie u. Physiologie u. für klinische Medizin. 188. Bd. 1907. Heft 1. S. 1—21.
151. — Der Übergang aus dem philosophischen in das naturwissenschaftliche Zeitalter. Berlin 1893.
152. — Über die Standpunkte in der wissenschaftlichen Medizin. Virchows Arch. Bd. I. 1. 1847. S. 3—19.
153. — Die naturwissenschaftliche Methode und die Standpunkte der Therapie. Virchows Arch. Bd. II. 1849. S. 3—37.
154. — Über Autoritäten und Schulen. Virchows Arch. Bd. V. 1853. S. 3—12.
155. — Spezifiker und Spezifisches. Virchows Arch. Bd. VI. 1854. S. 3—33.
156. — Gesammelte Abhandlungen zur wissenschaftlichen Medizin. Frankfurt a. M. 1856.
157. — Die Cellularpathologie. 20 Vorlesungen geh. in Berlin. Berlin 1858.
158. Vorwahl, H., Darwin und die Antike. Die alten Sprachen 4. 1939. S. 138/39.
159. Weizsäcker, Victor, Frhr. v., Ärztliche Fragen. Leipzig 1934.
160. — Zum Begriff der Krankheit. Dtsch. Arch. klin. Med. Jahrg. 1919. Bd. 129. S. 359—368.

161. — Über Gesinnungsvitalismus. Klin. Wschr. 1923, H. 1, S. 30.
162. Wenzl, Aloys, Das Leib-Seele-Problem. Leipzig 1933.
163. Wilamowitz-Moellendorff, U. v., Platon, sein Leben und seine Werke. Bd. I. Berlin 1929.
164. — Der Glaube der Hellenen. I. Bd. Berlin 1931. II. Bd. Berlin 1932.
165. Winterstein, H., Kausalität und Vitalismus vom Standpunkt der Denkökonomie (= Abhdlg. z. Th. d. org. Entw. 4). Berlin 1928.
166. Wolff, Gustav, Leben und Erkennen. Vorarbeiten zu einer biologischen Philosophie. München 1933.
167. Wünscher, H. G., Haben die alten Autoren für uns überhaupt einen Wert? Schweiz. med. Wschr. 69. 1939. S. 706—709.
168. Wundt, Wilhelm, Naturwissenschaft und Psychologie. Sonderausg. der Schlußbetrachtungen zur 5. Aufl. der „Psychologischen Psychologie". Leipzig 1903.
169. — Prinzipien der mechanischen Naturlehre. Stuttgart 1910.
170. Ziehen, Th., Über kausale und teleologische Denkweise in der Medizin. Dtsch. med. Wschr. 1922. S. 1233.
171. Zimmer, E., Umsturz im Weltbild der Physik. München 1934.
172. Zimmermann, Heinz, Theoretische Biologie und die Medizin der Gegenwart. Klin. Wschr. 1932. S. 819—24.
173. — Die Überwindung der Leib-Seele-Theorie. Berlin 1937.
174. Zur Strassen, Otto, Die Zweckmäßigkeit. Kultur der Gegenwart IV. 1; Allg. Biologie. Leipzig 1915.

Anzeigen

FSC
www.fsc.org
MIX
Papier | Fördert gute Waldnutzung
FSC® C083411

Zeitfracht Medien GmbH
Ferdinand-Jühlke-Straße 7
99095 Erfurt, Deutschland
produktsicherheit@kolibri360.de